天外有天科普丛书

未来的太空航行
——飞天凭神速

吴 沅 编著

U0203366

上海科学技术文献出版社
Shanghai Scientific and Technological Literature Press

图书在版编目（CIP）数据

未来的太空航行 / 吴沅编著． —上海：上海科学技术文献出版社，2017

（天外有天科普丛书）

ISBN 978-7-5439-7529-3

Ⅰ．①未…　Ⅱ．①吴…　Ⅲ．①航天—普及读物　Ⅳ．① V4-49

中国版本图书馆 CIP 数据核字 (2017) 第 195457 号

责任编辑：于学松
特约编辑：石　婧
封面设计：龚志华

丛书名：天外有天科普丛书
书　名：未来的太空航行——飞天凭神速
吴　沅　编著
出版发行：上海科学技术文献出版社
地　　址：上海市长乐路 746 号
邮政编码：200040
经　　销：全国新华书店
印　　刷：常熟市人民印刷有限公司
开　　本：650×900　1/16
印　　张：7.25
字　　数：68 000
版　　次：2017 年 11 月第 1 版　2017 年 11 月第 1 次印刷
书　　号：ISBN 978-7-5439-7529-3
定　　价：20.00 元
http://www.sstlp.com

目　　录

开 头 的 话

自古以来，人类对茫茫宇宙的奥秘求知不止，探索不息。人类对日月星空的好奇心和求知欲，推动了天文、物理等科学的发展，同时也推动了航空、航天技术的进步。随着科学技术的发展，人类不断了解太空、探索地球以外的物质世界，逐步形成了对宇宙的科学系统的认识，掌握了探索太空的方法和技术。

这里要特别提出的是深空探测——人类发射探测器脱离地球引力场，进入宇宙空间的探测活动。深空探测的对象包括月球、行星及其卫星、太阳，以及行星际、恒星际的广阔空间。通过深空探测，人类可以进一步认识地球所处的空间环境，分析和预测可能发生的空间现象及其对地球的影响，可以研究宇宙、太阳系、生命的起源和演化，验证各种科学假设和理论。

1959年9月12日，苏联成功发射了"月球2号"探测器，在月球表面着陆。此后，人类不断把目光放到太阳系的行星及其卫星等更遥远的太空，开启了深空探测的漫漫征程。迄今人类

1

在深空探测活动中已经取得了辉煌的成就。截至 2012 年 10 月，各国发射深空探测器和月球探测器共有 243 颗。

但是，人类在探测茫茫宇宙中，如果希望获得更大的成果，若在航行速度等方面没有取得长足的突破，进展是很难的。探测天外天，没有速度的支持什么都谈不上。速度是关键！

航空发动机

航天飞机飞向太空

一、实现太空航行的关键——速度

先看下面几个数据：

7.9 千米/秒——克服地球引力,可实现环绕地球飞行,被称为第一宇宙速度；

11.2 千米/秒——可实现在太阳系内飞行,被称为第二宇宙速度；

16.7 千米/秒——可冲出太阳系,被称为第三宇宙速度。

如果我们学习过万有引力定律和牛顿第二定律,有了矢量、力、速度和加速度的概念,我们就容易理解这三个宇宙速度,并且能用初等数学把它们推导出来。

目前人类发射的探测器已达到第一宇宙速度和第二宇宙速度,离第三宇宙速度还有差距。即使达到了 16.7 千米/秒的速度,在进行太空航行面前还是显得十分无奈！

再看这样几个比喻：

鲸鱼座 T(天仓五),距离地球 11.9 光年——这是一个什么概念？即使你以光速旅行，从地球到达鲸鱼座 T 也要花掉 11.9 年。

半人马座的比邻星，距离地球是 4.24 光年。如果我们把地球到鲸鱼座 T 的距离比作从美国纽约到澳大利亚的帕斯，那么到比邻星的距离就相当于从美国纽约到德国柏林。即使以 21 世纪可能达到的最大航行速度 300 千米/秒左右飞行，地球到达比邻星的时间也需要 5 000 年，而要到达鲸鱼座的时间则需 13 000 年（按照上面的比例，此时，从地球到土星的距离只有 200 米；从地球到火星就只相当于 20 米；而从地球到月亮的距离仅仅对应着 7 厘米的长度）。由此看来，速度确实是实现太空航行的关键！

太空船

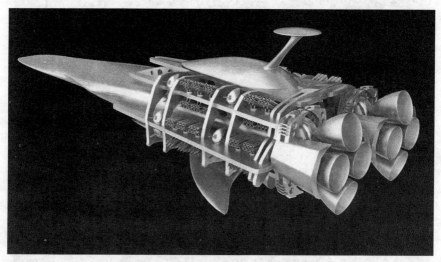

太空船

二、人类的杰作——"旅行者 1 号"

1977 年 9 月 5 日,美国国家航空航天局(NASA)研制的"旅行者 1 号"在美国佛罗里达州的卡纳维尔角,搭载一枚"大力神 3 号"E 半人马座火箭发射升空("旅行者 2 号"已先于"旅行者 1 号"于 1977 年 8 月 20 日发射升空)。这是人类至今已发射的众多人造飞行器中的一颗。那么为什么重点要提到它呢?一份发表在《科学》杂志上由美国爱荷华大学唐纳德·格尼特及其同事编写的报告称,"旅行者 1 号"已经在 2012 年 8 月 25 日进入了星际空间。随后,NASA 网站 2013 年 9 月宣布,"旅行者 1 号"空间探测器已经进入星际空间。"旅行者 1 号"是第一个进入星际太空的人造物体,也是到目前为止离地球最远的人造飞行器,标志着星际探索新时代的到来。

（一）"旅行者1号"的组成

　　"旅行者1号"是一艘重815千克的无人核动力太空探测器，携带有105千克科学探测仪器。它的主体是扁平的十面棱柱体，顶端装有一个直径为3.7米的抛物面天线，左右两侧各伸出一根悬臂：较长的一根是磁强计支柱，短的一根是科学仪器支柱，这看似简单的装置却完成了无数重大的任务。"旅行者1号"的设计利用了在当时属于新技术的引力加速度，为的就是让它探索木星、土星等太阳系主要气体星球，然后穿越天王星、冥王星，飞出太阳系。它实际上属于20世纪60～70年代由NASA主导的一项外太空探索计划——"水手计划"中的"一员"。正是这个计划，"旅行者1号"和"旅行者2号"这两个姊妹探测器抓住了176年一遇（即木星、土星、天王星和海王星的几何位置，可以允许一艘飞船以平滑的弧线轨迹一次飞过）的机会而大展身手，在只需要少量燃料用作航道修正的情况下，借助各颗行星的引力加速，而造访了太阳系的四颗气体行星。一般而言，要完这样的任务需要30年，而他们仅仅用了12年就取得了这样的佳绩，这一切源于NASA处心积虑的"算计"。这也就不难理解在同年仅相隔半个月连着发射两艘探测器的原因了。

（二）"旅行者1号"已
飞出太阳系了吗

据"旅行者"项目的首席科学家爱德华·C.斯通博士介绍，太阳风建立了一个巨大的气泡，太阳吹出的太阳风（从太阳射出的带电粒子流）让气泡鼓了起来。在气泡内部，等离子体主要来自太阳；在气泡外部，等离子体主要来自其他恒星。目前，"旅行者1号"已经在气泡外部了，但它现在还没有飞到整个太阳系的外部，仍停留在太阳系的边缘。等"旅行者1号"飞出太阳系之后，就可以测量等离子体密度，它比在气泡中大了100倍。当等离子密度大大增加之后，说明它已经在气泡外了。

评判"旅行者1号"是否进入星际空间，还可从以下三个方面来验证：来自太阳的带电粒子数量是否急剧下降；来自太阳系外死亡恒星的低能宇宙射线是否增加；磁场方向是否突然改变。2012年7月28日，"旅行者1号"与往常不同，来自太阳的带电粒子的数量急剧下降，在一个月之内，数量的变化呈现出起伏不定的状态；并且磁场强度随着粒子数量的下降也在不断增强，曾一度增加了2倍，达到了自2004年以来的最高水平。这一结果也说明它跨越了一个"明确的边界"。

（三）"旅行者 1 号"飞出
太阳系的重大意义

　　"旅行者 1 号"飞出太阳系是科学界的又一重大里程碑，也是人类历史上的重大突破。此举有着巨大的科学价值，它可以帮助我们了解太阳风和来自其他恒星的等离子体之间是如何相互作用的。它的重大意义还可以和人类第一次登上月球相媲美。这一探索壮举，为人类实现科学梦想和科学事业掀开了新的篇章。

航天航空博物馆

太空船

三、与太空航行有关的科学假说

前沿学者对宇宙有过许多假说。其中"虫洞""时空隧道"假说,对太空航行的影响是颠覆性的。如果这些假说成立,人类去往距离地球很多光年的遥远星系,也许成为可能。为此,我们不能不作些特别介绍。

"虫洞"和"时空隧道"是当今世界最让人着迷的两个科学假说,它们既能说明一些物理现象,也会带来更多的理论困难,同时又带来了更多的科学设想。

(一)虫　　洞

虫洞是 1930 年伟大的科学家爱因斯坦和美籍以色列裔物理学家纳森·罗森在研究引力场方程时引入的,被称为"爱因斯坦-罗森桥"。什么是虫洞?科学家认为,宇宙膨胀初期产生了大量的时空泡沫,随着膨胀的发展,时空泡沫逐渐演化成宇宙泡。虫洞就是源于宇宙泡之间的隧道,并且可能不止一条,有的并不通向另外的宇宙泡,而只连通自身的两部分,就像"手柄"。虫洞的端口就是黑洞和白洞,虫洞成为一个连接黑、白两洞的爱因斯坦·罗森桥。虫洞还可以在宇宙的正常时空中显现,成为一个突然出现的超时空管道。也有理论说,它是通过时空结点的假想通道,可以使原本相隔亿万千米的两地变成近在咫尺的邻居。虫洞的两端都可以出入,一个虫洞的"另一端"可以在空间的任何地方,使得经过虫洞的任何物体在转瞬之间可以出现在宇宙的其他地方。有这样一种说法,如果你于 12:00(时间)站在虫洞的一端(入口),你会在 12:00(时间)从虫洞的另一端(出口)出来。还有这样一个比喻,如果我们朝织女星附近的一个虫洞口向虫洞里面张望时,会看到织女星的光从洞里射出来;而在织女星附近的观察者,从另一端朝虫洞里张望,会看到我们地球世界中太阳的光。就这么奇妙!其实道理也很简单,比如我们在一张纸的两端画上两点,然后把纸扭曲,使两点可以连在一起。这样,连在一起的两点,在整张纸上仍然相隔一段距离。据科学家推测,宇宙中充斥着无数个虫洞,但很少会有直径超过 10 万千米的,而这个宽度正是航天器能安全飞行的最低要求。但"负质量"(一种可以吸收周围中能量的质量。负质量目前已从理论进入现实之中)的出现为利用虫洞创造了条件,可以利用负质量去扩大和稳定较小的虫洞,并予以强化。这样,当我们具有足够多的负质量后，就能"改造"虫洞，直至其容量可以适合航天器飞行。当今在科幻影片中常常会出现这样的镜头：随着航天器指令长的一声号令（或指令长按下执行键），航天器顷刻便消失在群星之中，而几乎同时，它又出现在遥远的某地……现代物理认为，这看似荒谬的场景有朝一日或许可以成为现实。

最新的研究还表明，虫洞可能存在于遥远的恒星之间。虫洞中包含接近完美程度的流体，这种流体可以在两颗恒星之间来回流动。虫洞还可能是连接黑洞和白洞的多维的时空隧道。维持虫洞的开放，可以使我们回到过去或者进入未来。

但英国物理学家霍金认为，虫洞可能就在我们四周，只是小到肉眼无法看见，它们存在于时间和空间的"裂缝中"。三维的空间与一维的时间都有细微的裂缝。比原子的空间更小的空间被命名为"量子泡沫"，虫洞就存在于其中。如果某一天人类能够抓住一个虫洞并将它尽可能放大，人类就可从这个虫洞实现穿越。

剑桥大学的物理学家研究后认为，虫洞不容易开放，而且一旦有物质穿过虫洞，虫洞还会"坍缩"，但有些虫洞坍缩较慢，可以就此打一个时间差从虫洞中飞出去。意大利科学家则认为向虫洞中释放光子或传送信息可以验证虫洞能否持续保持开放。

对于虫洞是否能够应用于宇航事业这一问题，宇航学家认为虫洞的研究虽然刚刚起步,但是它潜在的作用却是不容忽视的。他们认为,如果这一研究成功了,人类可能需要重新估计自己在宇宙中的角色和位置。现在,人类被"困"在地球上,要航行到最近的一个星系,最少也需要数百年的时间,人类短暂的寿命是无法满足这一要求的。但是,如果虫洞理论真能一瞬间就到达宇宙中任何遥远的地方,人类的发展前景将无可限量。

(二) 时 空 隧 道

"时空隧道"是指从一个时间一个地点到另一个时间另一个地点的通道,也就是能实现穿梭过去回到未来的神秘路径。它被认为是一种超自然现象。很多学者认为在时空世界存在着许多一般人用眼睛看不到的然而却是客观存在的时空隧道。美国科学家约翰·布凯里给时空隧道提出过以下几点理论假说:

首先,时空隧道是客观存在,是物质性的,它看不见,摸不着,对于我们人类生活的物质世界,它既关闭,又不绝对关闭——偶尔开放。

其次,时空隧道和人类世界不是一个时间体系,进入另一套时间体系里,有可能回到遥远的过去或进入未来。因为在时空隧道里,时间具有方向性和可逆性,它可以正转,也可倒转,还可以相对静止。

第三,对于地球上的物质世界,进入时空隧道,意味着神秘失踪;而从时空隧道中出来,又意味着神秘再现。由于时空隧道里时光可以相对静止,故而失踪几十年就像一天或半天一样。

1997年中国科技大学教授潘建伟等首次完成了人类对单光子"量子态隐形传输"。所谓量子态隐形传输,用通俗的话来说,就是将粒子从一个地方瞬间转移到另一个距离遥远的地方,如同穿越时空隧道一般。潘教授的这一成就引起了国际同行的广泛关注,随后的研究使他成为量子物理方面的杰出学者。

(三) 黑　洞

对于"黑洞",现在人们已经不是很陌生了,在许多影视和文学作品中曾经对它进行过描述。而在对虫洞的介绍中,黑洞已承担起重要的角色,我们当然要将它介绍给读者。

1. 什么是黑洞

黑洞是指宇宙引力巨大的区域,它能吸收任何物质,包括光和其他形式的射线,而且任何东西只要一进入黑洞的边界,就别想再溜出来,就会在瞬间消失得无影无踪,活像一个真正的无底洞。"黑洞"的大名是美国物理学家约翰·阿奇博尔德·惠勒于1969年提出的。而早在1796年,法国著名数学家拉普拉斯就对黑洞问题提出了推测。目前,对于黑洞比较确切的说法是这样的:黑洞是根据爱因斯坦在 20 世纪初期创立的广义相对论所预言的一种特殊天体。黑洞的基本特征是有一个封闭的区域,即称为黑洞的视界,外界的物质和辐射可以进入视界,视界内的东西却不能跑到外面去。

2. 对黑洞的研究

长久以来,科学家对黑洞的研究一直处在纯理论阶段,黑洞还仅仅是人们的猜测对象。然而令人惊喜的是,2004 年,天文学家通过钱德拉天文望远镜和欧洲的"XMM"牛顿 X 射线望远镜首次观测到恒星被黑洞肢解的情景。要知道这一特殊天文现象发生的概率为一万年一次。这一发现为我们打开了探索黑洞的大门。随后,日本的一个研究小组使用 X 射线观测卫星,发现在 M82 星系内的一个天体从非常有限的空间内发出了巨大的 X 高能射线,其发光的亮度是太阳的 1 000 万倍;更加奇特的是,这个天体在短短的几天时间里,光的亮度竟发生了几倍的变化。根据这些情况,科学家认为该天体的直径应是太阳与地球距离的数十倍。也就是说,它的大小约相当于太阳系。如此小的区域内能发出 1 000 万倍于太阳的能量,唯一的可能是这个区域就是黑洞。另有一些科学家认为,依据美国天文学年会公布的有关数据,可以认为银河系的中心也可能存在着巨大的黑洞,而且该黑洞的质量可能超过太阳 100 万倍以上。

3. 黑洞的成因

关于黑洞的成因存在着不同的见解。多数人认为黑洞源于恒星。恒星的主要成分是氢，在极高温下进行热核聚变，聚变的质量亏损 m 转化为巨大能量 $E=mc^2$（式中 c 为光速）向太空喷射。经过几百万年，"燃料"耗尽，聚变终止，垂死的恒星"坍塌"，体积缩小到亿万分之一，密度增大亿万倍，成为黑洞。有的科学家认为，如果有越来越多的物质往一块儿聚集，而它们的密度始终保持不变。那么，这一大堆物质的引力就会随着质量的增加而越来越强，最终，其引力会强到连光线都逃不出去，那么它可能会成为黑洞。

还有的科学家认为，如果恒星的质量可以保持不变，但使它不断收缩下去，那么它的密度会随着恒星体积的缩小而变得越来越大，引力也会变得越来越强，直到变成一个连光线也逃不出去的黑洞。以太阳为例，若它收缩到半径只有 3 000 米那么大时，它就会变成黑洞，这时，太阳的密度会大得令人难以想象：每立方厘米的体积竟重达 200 亿吨！这样大的密度，地球这么大的质量作成的球，半径只有 2.5 厘米，比乒乓球稍大一点点。我们从中可以认识到黑洞的高密度。

4. 黑洞的类型

黑洞俨然已形成了一个家族。下面列出一些经常讨论、研究的类型。

（1）史瓦西黑洞（球对称的黑洞）

史瓦西黑洞就是所谓的"寻常黑洞"，在恒星或者宇宙空间里，此类黑洞居多。从数学上来说，史瓦西黑洞就是其外部的引力场符合史瓦西解的黑洞。从中子星演化而来的史瓦西黑洞有一个视界和一个奇点。视界是物体能否逃向外部宇宙的分界：在视界以外，物体可以离开或者接近黑洞而保持安全；而在视界上，只有光速运动的物体可以保持不进入黑洞，但却无法从该界面逃脱。奇点是指黑洞奇异性的源。任何接触到奇点的物质必然被奇点摧毁，被分解为简单物质，即使是形成这个黑洞的恒星自身也是如此。

（2）克尔黑洞（旋转的黑洞）

1961年，新西兰物理学家克尔在史瓦西的基础上，让这个黑洞模型旋转起来，从而得到了克尔所描述的黑洞。旋转会引起许多效应，在黑洞强大的引力下，不仅要考虑旋转引起的离心现象，还要考虑黑洞对外部时空的拖曳和对内部时空的扰动，以及相应黑洞结构的改变等影响，所以克尔黑洞的结构要比史瓦西黑洞复杂。

（3）雷斯勒-诺斯特朗姆黑洞（带电的黑洞）

1916年和1918年，雷斯勒和诺斯特朗姆从爱因斯坦场方程先后得出了带电产生引力场的精确解，提出了雷斯勒·诺斯特朗姆黑洞模型（简称"R-N黑洞"）。R-N黑洞是对史瓦西黑洞在带电情况下的一个推广,它与史瓦西黑洞相同的是 R-N 黑洞中心有一个奇点;不同的则是 R-N 黑洞有内、外两个视界,而史瓦西黑洞却只有一个。

(4) 克尔-纽曼黑洞(旋转而带电的黑洞)

1965 年,纽曼将爱因斯坦场方程的克尔解和雷斯勒-诺斯特朗姆解融合在一起,得到了一个在量子理论正式介入黑洞研究领域前,描述黑洞的"克尔·纽曼解"。有研究表明,宇宙的克尔-纽曼黑洞内部,可能是另一个宇宙的克尔-纽曼白洞的内部。这就是说,可能与另一个宇宙相通。进入克尔-纽曼黑洞的飞船,有可能从另一个宇宙的白洞中冒出来。还有人认为,其实这个白洞也可能处在我们的宇宙中,即这一对黑、白洞同在一个宇宙中。不过,后来的研究表明,克尔-纽曼黑洞的内部不稳定,稍有扰动,上述通道就会被阻断。因此,从黑洞钻进去,然后从白洞钻出来是根本办不到的。

(5) 超级大黑洞(星系级巨型黑洞)

超级大黑洞除了质量惊人外,往往具有可观的喷流。2003年,英国和加拿大的天文学家根据夏威夷岛上的红外线望远镜 UKIRT 拍摄到距离地球 130 亿光年的编号为 SDSS 11148+5251 的类星体中心,可能有一个 30 亿倍太阳质量的超大黑洞。此前也有科学家根据观测到的吸积盘旋转速率以及被吸入的呈螺旋状的气流推测,银河系中心也具有超级大黑洞。能够产生出如此巨大的黑洞,大概有三种情况:第一种是早期宇宙中团块的凝缩与碰撞;第二种是恒星级黑洞的成长,只要周围有足够丰富的物质,恒星级黑洞就能够长成巨型黑洞;第三种则是来自星团的引力坍缩及星系的碰撞。NASA 2008 年 1 月 16 日公布,钱德拉 X 射线太空望远镜获得的数据显示,一些超大质量黑洞的旋转速度可能接近光速。研究人员还发现了在 9 个巨大的星系中都有飞速旋转的黑洞,这些黑洞都具有能量强大的气体喷流。

(6)原始黑洞

1971 年,霍金将量子理论用于宇宙的创生,创立了量子宇宙学,提出了"各种形状和尺度的黑洞都可能在宇宙早期形成"的说法。正是引入了这样一种机制,霍金于 1971 年提出了原始黑洞的模型。

5. 寻找黑洞

黑洞具有极强的引力场,我们不妨就利用这一点,通过观测其周围受强引力场作用的天体来寻找黑洞。第一种办法是利用光的引力偏析现象,即当光线通过强引力场时会发生偏转。显然,光经过黑洞附近时,受其强引力场的作用,偏转现象会十分明显。当地球、黑洞和遥远的星体排在一条直线上时,在地球上的观察者将会看到遥远星体的两个像,分别在黑洞的两侧,这和光线通过一个玻璃透镜有相似之处,称为"引力透镜"。当然,采用这种观测方法难度极大,因为要让地球、黑洞和遥远的天体正好形成一条直线排列,用"千载难逢"来形容也不为过。

为此,产生出第二种方法,那就是观测黑洞对气体和尘埃的吸积现象。由于星际空间处于真空状态中,星际气体的原子彼此相距非常遥远,一个孤立的黑洞,其引力不可能大到还没检测出气体辐射的速度就将这种气体吞噬了。因此,当气体(或尘埃)被黑洞吸引到其附近时,它们会因摩擦产生极高的温度,进而产生强烈的 X 射线。如果在地球上观测,由于地球大气能吸收 X 射线,观测效果会大打折扣,所以必须在大气层外进行观测。因此,发射地球卫星就成为观测黑洞的必然工具了。当然,在地面利用超级望远镜观测也有可能发现黑洞的存在。一些科学家用设置在南美洲智利基特洛的口径为 4 米的超级望远镜观测,惊奇地发现在大麦哲伦星云中出现了极明亮的 X 光源"LMCX - 3",它的质量为太阳的 8～12 倍。根据天文学家的初步判断,该天体可能就是黑洞。如果确实如此,那么,这是迄今为止首次在银河系之外发现的黑洞。

　　还有一些天文学家推断:天鹅座 X - I 双星中的一个成员也可能是质量超过太阳 3 倍的恒星级黑洞。一个名字叫"M87"的椭圆星系的核心中,则可能存在一个质量比太阳重 90 亿倍的星系级黑洞。科学家还认为宇宙中的大部分星系,中心都隐藏着一个大质量的黑洞,这些黑洞质量大小不一,大约为 100 万～100 亿个太阳质量。特别是,2012 年天文学家发现位于英仙座星系群的小型星系 NG - C1277 中心可能存在质量达到 170 亿太阳质量的超级大黑洞。

按照有关专家的估计,在过去的 100 亿年中,银河系里平均每 100 年就有一颗超新星爆发,而每 100 颗超新星中就有一颗能形成黑洞,那么银河系里就应该有 100 万个恒星级黑洞。可是实际发现却很少,在双星 X 射线源中,人们只找到几个具有较明显的黑洞证据。事实上,还有几个 X 射线源中也可能有黑洞,但因测量误差较大而不那么肯定。不管怎样,可以确定的是黑洞问题研究将成为天文学家绞尽脑汁研究的对象。

6. "制造"黑洞

科学家并不满足于在宇宙中寻找黑洞,也正在尝试在地球上"制造"黑洞。

2005 年 3 月,美国布朗大学物理学教授霍拉蒂·纳斯塔西在地球上制造了第一个"人造黑洞"。尽管这个黑洞体积很小,却具备了真正黑洞的许多特点。人造黑洞的设想由加拿大不列颠哥伦比亚大学的威廉·昂鲁教授在 20 世纪 80 年代提出。

2008 年 9 月,随着欧洲大型强子对撞机的正式启用,有科学家认为这个对撞机在工作过程中可以产生瞬间微小的黑洞,并立刻分解掉。

2010 年德国马克斯普朗克物理研究所和赫尔姆霍茨柏林中心的研究人员使用柏林同步加速器在实验室成功产生了黑洞周边的等离子体。通过这项研究,之前只能在太空由人造卫星执行的天文物理实验,也可以在地面进行,诸多天文学难题有望得到解决。

2013年,中国东南大学的科学家崔铁军和程强教授首次制造出可以吸收周围光线的人造电磁"黑洞",这个黑洞可以在微波频率下工作,预计不久后它就能够吸收可见光,一种把太阳能转化为电能的全新方法可能因此产生。

(四)白　洞

白洞是一种与黑洞完全相反的天体,它也有一个封闭的区域,聚集在白洞内部的物质,只会向外运动,而不能作反向运动。也就是说,白洞只向外部输出物质和能量,而不能吸收外部的任何物质和辐射。白洞可以把光线和一切物质用强大的排斥力喷射出去,使其改变原有的运动方向。因此,白洞还可以认为是一种发光的物体,一种能发出极强光的天体。

白洞也是一个引力源,它可以被普通恒星所吸引,也可以吸引其他物质,而且在白洞附近,引力场极强,因此它像黑洞一样,会把周围的尘埃、气体和辐射不断吸引到它的边界上来。不过这些物质是不能进入白洞内部的,它们只能在边界外徘徊,形成一个包围白洞的物质层。

1. 白洞的起源

比较流行的观点是,白洞是在局部宇宙形成时的一次大爆炸中产生的。部分学者认为，我们的局部宇宙本身在以前就是一个超巨型白洞。它爆发时，可能遗留下一些致密的、暂时尚未爆炸的超密态核心，要等待一定的时间以后才开始膨胀和爆发。有些核心的爆发时间已延迟了数十亿年，它们一旦爆炸，就变成了我们今天所观测到的类星体和其他高能天体。另一种关于白洞起源的观点认为：白洞由黑洞直接转变而来，白洞中的超高密度物质和能量是由引力坍缩形成黑洞时获得的。目前白洞仅是一种科学假说，宇宙中是否真的有白洞存在？还是个未解之谜。

2. 白洞的能量来源

有一种理论认为白洞源于黑洞，黑洞在这一端吸收物质，而在另一端则喷射物质，就像一个巨大的时空隧道。当物质被吸入后并不是把它完全消化掉，而是以"热辐射"的形式稳定地向外发射粒子，这在天文学上被称为"自发蒸发"。自发蒸发使黑洞的质量减少、温度升高，反过来又加速了"自发蒸发"。在这种相互作用中，黑洞的蒸发越来越快，最后变成一个不断喷发物质的白洞。

3. 白洞在哪里

有些科学家认为，类星体的核心可能就是白洞。因为当白洞区域附近的超密态物质向外喷射，就会与它周围的物质发生猛烈碰撞，从而释放出巨大的能量。因此，产生强大的射线可能与白洞的这种效应相关。另有一些科学家则对此看法提出质疑，根据哈勃定理推算，最远的类星体可在 200 亿光年处。也就是说如果类星体是白洞的话，很有可能白洞是宇宙的边缘。问题是有的类星体距离我们只有 30 亿光年远，与"白洞处在宇宙边缘"的理论有矛盾。对于这个矛盾，科学家提出了看似合理的解释，即宇宙并不是呈完整的球形，更像是太空中漂浮的小水滴状。这就产生了处在宇宙不同边缘的、与我们远近距离不同的白洞。随着天文科学的不断发展，我们可以相信，白洞的神秘面纱终有一天会被揭开。

空间站

未来的太空船

四、太空航行推进力——高科技领航

　　时光荏苒,斗转星移。人类文明在飞速地向前发展的同时,人类探索宇宙奥秘之路一直在向前延伸。在广袤无垠的宇宙中,我们的探索之路还很漫长。茫茫宇宙正以其博大的胸襟,迎接着我们的到来,去探索,去发掘。高科技领航,正在改变着人类对宇宙的认识。

　　如前所述,速度是实现太空航行的关键,而获得速度要靠航天器的推进力——它将航天器从零速加速到所需的宇宙速度。这么说,推进就是关键的关键了。除现今使用燃料燃烧喷射高压流体对航天器或运载工具的推进,人们还有下述很多对推进的设想。

（一）帆　推　进

　　帆推进是无需推进剂的一种先进的航天推进,其动力是太阳能量,以光子作为动量传递介质,驱动航天器在太空中运动。由于太阳光压非常微弱,推进系统必须具有足够大的面积以接收足够多的光子作用,同时为了减轻质量,这种结构必须足够薄。这种薄而大的推进系统与帆相似,因而称其为帆推进,即如同帆船能乘风前进一样,航天器也可以乘着光压前进。光压推进最简单的例子就是太阳帆,它如同把一面镜子放在太空,自己就会受到太阳光压而前进。这种形式的光压推进将主要用在深空探测器的姿态修正上。理论上,只要太阳不熄,就可以提供持续的动力来加速航天器。NASA 研究人员发现,在 1 个天文单位(AU,即地球到太阳的距离,等于 15 000 亿千米)的位置,太阳光每米^{2}产生的功率大于 1 千瓦,由此换算太阳光施加的作用力约大于 3 牛/千米^2。一架航天飞机的主发动机在升空期间产生的作用力为 167 万牛,在真空中产生的推力为 210 万牛,但当燃料耗尽,推力立即消失为 0。而太阳光对太阳帆的推力虽小,但它持续作用力长久保持,能将航天器的速度提升到传统火箭速度的 5 倍。

除太阳的光子的动量可以产生光压外,激光/微波束、粒子束等也能驱使光子运动,产生一定的压力,因此帆推进一般可以分为太阳帆、激光/微波帆和磁帆。

1. 太阳帆

太阳帆是以太阳光光压为推进动力的一种独特的推进方

式。简单地讲，是利用太阳帆将照射过来的太阳光（光子）反射回去，由于力的作用是相互的，太阳帆在将光子"推"回去的同时，光子也会对太阳帆产生反作用，从而推动航天器前进。单个光子所产生的推力极其微小，在地球到太阳的距离上，光在 1 米² 帆面上产生的推力还不到一只蚂蚁的重量。为了最大限度地从太阳光中获得推力，太阳帆必须制造得很大很轻又非常光滑。

虽然太阳帆航行只是在近年来才被看成有可能成为实用的推动力，但它的基本思想却由来已久：400 多年前，著名天文学家开普勒就提出不带任何能源、仅依靠太阳光就能驰骋太空的航天器。直到 20 世纪 20 年代，太阳帆的概念才更清晰地显示出来：俄国航天事业的先驱者齐奥尔科夫斯基及其同事灿德尔认为："用照到很薄的巨大反射镜上的太阳光所产生的推力可以获得宇宙速度。"这反射镜正是太阳帆，是一种包在硬塑料上的超薄金属帆，成为今天太阳帆的雏形。而太阳光所产生的推动力，俄国物理学家彼德·莱贝德夫就曾在真空实验室内的金属盘上做过实验，果然光子能推动金属盘。

（1）帆的形式

方形太阳帆：帆 4 个角都有一个小面板，即操控舵，各自独立并装有万向接头，为姿态控制提供不同的光压。每个操控舵的典型大小约为整个帆面积的 5%，通过一定的方式相互连接，以控制帆的中心压力。世界太空基金会工程测试模型方形帆的边长为 30 米。

直升机式太阳帆：帆的展开由连接在回转飞船上的离心力完成,帆的材料会从鼓轮处打开。直升机式的帆比方形帆更易组装,从而降低了太阳光集中时容易被疏忽的风险。

气式太阳帆：它用一种充气式圆环面来支撑薄片帆材料。与方形帆类似,可以通过掌控舵来进行姿态控制,也可通过改变相对于中心(光)压的载荷质量来进行姿态控制。

（2）帆的调整

太阳帆航天器飞行时就像帆船在大海中航行,只需改变帆的倾角,就可达到调整飞行方向的目的。当帆与太阳光形成的角度所产生的推力与太阳帆的运动方向一致时,飞船将被逐渐加速,反之则将被逐渐减速。要改变太阳帆与太阳之间的夹角,只需移动固定在航天器上的两块滑块,使飞船重心发生变化,导致太阳帆转动,夹角也随之发生变化。计算结果认为：当其夹角为 55°时,太阳帆会进入加速航行中。太阳帆用于太空航行有三种设想。第一种设想是在太阳系内飞行。科学家通过计算认为若采用边长为 200 米,密度为 $1\sim5$ 克/米^2 的太阳帆,太阳系内星际探测任务均可以实现。第二种设想是飞出太阳系,实现星际探测和星际旅行。此时的太阳帆边长应达到 1 000 米,密度为 0.1 克/米^2,同时还需配置强力激光器或微波源。据测算,这样的太阳帆航天器在太空中可以获得 1/10 光速的速度飞行,40 年内到达距地球最近的半人马星座。第三种设想是利用太阳帆为太阳等离子风暴到达地球之前提供预警。

（3）帆的试飞

太阳帆的首次试飞已进行过，是在 2001 年 7 月 20 日，在巴伦支海的俄罗斯核潜艇上发射的、被定名为"宇宙 1 号"的人类第一个太阳帆航天器。

"宇宙 1 号"太阳帆航天器由美国太空爱好者成立的私人组织"行星学会"、俄罗斯科学院和莫斯科拉沃奇金太空工业设计所花费数年时间联合研制而成，耗资 400 万美元。试验目的是在实际环境中验证能否通过太阳光的作用来改变航天器的轨道和速度，并控制它的运动。太阳帆由 8 片 14 米长的三角形聚酯薄膜构成，光帆质量为 40 千克。一旦到达预定轨道，航天器就会吹胀帆杆，使帆伸展开来，帆体伸展后面积可达 600 多米^2，阳光随即会给光帆提供动力，然后即可在太空"扬帆起航"。遗憾的是，此次太阳帆试验并未获得成功，在潜艇上发射后仅 83 秒即宣告失败，原因竟然是火箭本身出现毛病，光帆没有能够和火箭分离，而不是太阳帆（其实太阳帆还没有来得及受到考验）。在第一个"宇宙 1 号"光帆失败后，重新建造光帆的名字依旧定为"宇宙 1 号"，而且决定，不再重复短暂的亚轨道飞行，直接进行轨道实验。"宇宙 1 号"的发射方向是从巴伦支海出发，经过俄罗斯北部、西伯利亚等地，在太平洋上空开始入轨。然而，由于火箭推进器出现故障，备受世人关注的全球首艘太阳帆飞船"宇宙 1 号"发射又一次失败了。另据报道，从美国加州发来的消息称"宇宙 1 号"还"活"着，而且还向地面跟踪系统发出了信号。美国行星学会的发言人称,地面控制中心收到的数据显示,"宇宙1号"已进入轨道,但这个轨道与科学家预期的有差异。根据目前的数据还不能确定"宇宙1号"现在在哪里!

20世纪90年代到21世纪初,美国、欧洲和日本都做了一些太阳帆展开实验。NASA已经完成了20米×20米的太阳帆地面展开实验。欧洲航天局(ESA)也进行了类似的地面实验。日本宇宙科学研究所成功进行了一次空间飞行实验。太阳帆航天器真正第一次成功在空间运作,正如日本宇宙航空研究开发机构在2010年6月11日的一份声明上说:"我们经证实,升至距离地面大约770万千米的'伊卡洛斯'已经完全展开,它上面的薄膜太阳能电池也已经产生电流。""伊卡洛斯"成功发射之后,在2011年1月20日,NASA突破了帆推进的关键技术,成功发射了太阳帆航天器"纳帆D号"(NanoSail-D),并且成功展开了面积为9.3米^{2}的聚合物太阳帆。这两次太阳帆任务的成功,证明了太阳帆航天器的可行性,极大地促进了太阳帆航天器的研究。

目前,美国的戈达德航天飞行中心、喷气推进实验室、兰利研究中心和马歇尔航天飞行中心等机构都在进行太阳帆项目的研究,为选择太阳帆材料作了大量的测试工作,并研究如何发射以及太阳帆在太空中的展开技术。据报道,NASA研制的第一艘飞往太阳系边缘的光帆航天器,只需历经15年飞行就可到达太阳系的边缘。

2. 激光/微波帆

这种帆包括星际激光帆、星际微波帆和磁帆。

(1) 星际激光帆

星际激光帆是一种可以将足够的能量传送给飞船使其达到很高速度(大于0.1光速),而这种速度又是星际任务所必需的。对于定点发射任务,必须采用两级光帆。当飞行接近目标行星时,内部的帆(有效载荷)与外部的大圆环帆分离,激光作用于外部的帆,并通过外部的帆将光线反射到内部帆上,外部的帆逐渐加速离开,在又小又轻的内部帆发生的光线反射会造成帆迅速减速,使其停留到预定的行星轨道上。这样,仅留有内部的帆的航天器就能作为一个传统的太阳帆在太阳系中飞行。

而三级光帆系统可用于往返的飞行任务。第二级和第三级的帆停留在预定的行星轨道上。当需要返回地球时,第三级(最里面的)光帆和二级光帆,以及反射到第三级光帆上的激光,使它加速回到地球。第一级有点像碗状,用于改变飞行方向和将光聚集到第二级上;第二级有一点弯曲,可以改变飞行方向,并将光束聚集到第三级上。

(2) 星际微波帆

星际微波帆和激光帆很相似。对于星际飞行,微波帆具有很显著的特点,即飞行器变得非常轻,可以减小发射功率,也可以减小发射系统尺寸。为了获得较轻的质量,帆由镂空的金属网组成,金属网中的孔的大小不小于微波波长的1/2。在这种条件下,对于入射光子来说,帆就成了固体的金属板。金属网上每一个节点都是微处理器和追踪器,使太阳系中的目标行星际遥控任务成为可能,同时由于其质量较小,使功率可降得很低,这样的功率甚至可以从星际功率卫星中获得。微波帆通常不用于定点飞行任务。

（3）磁帆

磁帆的帆推进应用前景的一个重要特征是带有超导电缆:电缆的直径为毫米级,电缆形成的圆环直径从几十千米到几百千米。当环境温度高于超导体的临界温度,导体对周围磁场没有影响;当环境温度低于临界温度时,超导体就会对周围磁场产生排斥作用。基于这个原理,电流环形成的磁极子可使太阳风的流动转向,这种偏差在磁帆上形成了一种指向太阳的放射状阻力。另外,调整磁极的方向可以产生垂直于辐射状阻力的升力。虽然磁帆最初的设计是利用太阳风,但在磁帆上同样可以使用微粒加速器来发射带电微粒的光束,这与太阳帆和激光帆是同一种原理。与光帆相比,磁帆结构简单,也更轻更便宜。用粒子加速器向磁帆发射带电粒子,效率可以比激光高约6倍,并且磁帆的机动性远远超过光帆。

3. 帆推进的关键技术

帆推进有许多关键技术需要攻克,才能投入到实际应用之中。本文仅介绍如下三个方面的关键技术。

（1）材料研制

要想获得足够的推力，光帆的面积必须足够大，这就对光帆的材料提出了非常苛刻的要求：首先，帆材料的密度要极其小，并且其厚度要达到纳米量级，才能使帆的质量控制在所需要的极限范围之内；第二，帆的表面需要有足够高的反射系数，以实现对光子推力方向的控制；第三，帆要有相当的柔韧性，且能承受冲击，以免在展开或者工作时受到损伤。

据报道，NASA 目前正在测试的帆由轻质、高反射性和耐高温材料制成，其厚度是一张普通信纸的 1%，这种"材料"被称为 CP-1。还有，美国马歇尔航天飞行中心研制的一种坚固的碳素纤维材料，它的厚度仅是传统材料的 1/200，上面的数千个小孔使其质量减少到与最薄的太阳帆质量相似。

（2）展开和稳定技术

由于帆的面积非常大，而且薄，在运往太空的途中，必须折叠成预先设计好的形状，待进入预定的太空位置时再展开。展开如此薄而大的帆，必须保证帆不会破损，且保持稳定，这是一门关键技术。经过分析研究，帆的展开和稳定都与用于支撑的帆桁有关。如果没有帆桁的支撑，帆就无法展开。而且当阳光推动帆时，帆就会塌下来并缠到飞船上。因此，帆桁材料的选用和设计是保证帆能成功展开和工作的关键。

（3）一体化设计

对于通常的航天器，轨道运动不受姿态的影响，也不受结构的影响,可以最先设计,然后根据轨道特点设计姿态控制系统和结构系统。但太阳帆航天器的一个显著特点是姿态、结构会改变推力大小和方向,进而改变轨道。因此,太阳帆航天器具有很强的姿态—轨道—结构整体性,不能分开逐步设计,必须进行一体化设计。也就是说,在设计太阳帆航天器的过程中,必须同时进行姿态—轨道—结构的设计,否则会出现总体设计方案的失误。

4. 帆推进的应用前景

帆推进提供动力以缓慢而稳定的步伐开始。以太阳帆为例,在太阳不断对其施加推力过程中逐渐加速。火箭的飞行以其耗光燃料作为终结,而太阳帆却能获得无穷无尽的能量。此外,太阳帆还存在着返回地球的可能性,而由"火力"装置的飞行器将没有任何推进燃料可供其返回。再看速度,据有关资料介绍,太阳帆最终秒速可达到约 90 千米,是动力装置的飞行器速度(8 千米/秒)的十几倍。NASA 还认为,通过增加激光或磁束发射器,太阳帆秒速可达到 30 000 千米,这是光速的 1/10。能达到这样的速度,星际航行或将不难成为现实。

回溯 NASA 于 1977 年分别发射了飞往太阳系外的"旅行者 1 号"和"旅行者 2 号"探测器,经过引力甩摆加速后以大约 3 AU/a(l AU/a=4.74 千瓦)的恒定速度飞离太阳引力场。"旅行者 1 号"历时近 40 年才飞抵太阳系边缘,如果应用太阳帆,有望在 10 年以内飞抵 100 AU 甚至更远的宇宙空间。同时,通过靠近太阳时的光压加速获得的高能量,太阳帆航天器能够达到 10 AU/a 甚至更高的飞行速度。

依据以上论述,帆推进的应用前景,或可实现以下三方面的发展。

(1) 迈向星际航行

太阳帆在恒星际间飞行的确存在重大的缺陷:宇宙飞船在无太阳的状态下甚至会停驶。这是事实! 但这难不倒科学家。佛沃德了解到利用红宝石产生的激光比太阳光更明亮,于是他又提出用激光束鼓起宇宙飞船的光帆,由此获得推力。由于激光束几乎不会发散,便于操纵、管理及设备的更新,使飞船被加速到亚光速成为可能:飞到半人马座,仅需一年!

(2) 改变小行星轨道

小行星撞击地球过去有过,给地球造成了巨大灾难,将来也难以避免! 怎么才能使地球免遭劫难呢? 科学家经过论证,认为有三个办法切实可行,其中一个就是给小行星装一个巨大的"太阳帆"。太阳光照射在太阳帆上,给它施加光压,推着小行星偏离原来的方向。

(3) 造一个月亮

1993 年 2 月 4 日,俄罗斯"进步号"宇宙飞船脱离"和平号"空间站后,飞船头部渐渐张开一把直径 20 多米的巨伞,伞面上 5 纳米厚的铝箔作为反光镜面,就像一轮明月高挂太空。在当天夜里,欧洲的一些地区陆续被这个人造月亮反射的光线照亮,地面上的照明宽度达 4 000 米。受此启发,学者们提出了建造固定悬挂在极地上空的人造月亮,为极地漫漫长夜提供照明。为使人造月亮挂在天上不会掉下来,科学家设计了巨大的太阳帆,太阳光照在它上面,光压正好抵消人造月亮的质量,使其达到力平衡,在天上静止不动。

(二) 反物质推进

乍一听,反物质这个名词似乎有些虚无缥缈,用反物质作为太空航行中推进的动力,更让人不可思议。但事实上现在的科学实验已经证实,反物质是一种客观存在的实体,用反物质产生的巨大能量作为太空航行的推进动力绝不是虚无缥缈的幻想!

1. 反物质的发现

简单地讲,反物质可以理解为物质的镜像。所谓物质的镜像,就是指与物质的一切属性完全相反。

反物质的发现可以追溯到 1928 年,英国年轻的物理学家狄拉克提出电子理论中著名的相对论性狄拉克方程。在 1930～1931 年间,他根据这个方程预言自然界存在着正电子。正电子在各个方面的性质,如质量、自旋和参与的相互作用等,跟电子一模一样,唯独电荷与磁矩和电子相反。可以说,狄拉克的预言用笔尖揭开了一个新世界的面纱。1933年,美国物理学家安德逊从"天外来客"宇宙射线中发现了正电子,跟狄拉克预言的一模一样。1955年,张伯伦和西格雷发现反质子。1953年,莱因斯和柯万探测到反中微子。1956年,柯克等在反质子—质子的电荷交换碰撞中,证实存在反中子,等等。

值得一提的是,我国著名物理学家王淦昌于1959年7月在苏联举行的第九届国际高能物理会议上,宣布他领导的杜布拉联合研究所的一个小组"找到了"反粒子家庭的一个新的成员——反Σ负超子,这是人类发现的第一个带电的反超子。

紧接着在1959年8月,意大利的三名科学家宣布发现新粒子的伙伴——反Σ正超子。科学家还认为粒子与反粒子的地位完全平等。

2. 反物质的惊天能量

反物质之所以引起科学家的特殊兴趣,其中最令人心动的是:当物质与反物质相接触时会释放出极其巨大的能量,并且它们均双双消失在爆发之中,这种现象被称为"湮灭",正反物质的质量消失了,100%转换成能量。这个能量的值用爱因斯坦方程 $E=mc^2$,式中 E 是能量,m 为消失的质量,c 为光速≈30万千米/秒。这个能量是极其巨大的。打个比方,如果你能幸运得到1克反物质,那么你的座车即使用上10万年也不用加燃料。如果 1 千克物质与 1 千克反物质相撞,湮灭后释放的能量,可以转换为 5 亿度电。换言之,我国最大的水电站——长江三峡水电站满负荷工作一个昼夜,发出的电力也只有这么多! 计算还表明,用 9 千克正反氢"湮灭"时产生的能量可以加热 4 吨液氢,让 1 吨重的航天器以 1/10 的光速飞往比邻星座。我们可以发现反物质确实是不可多得的能源,"质量亏损"转换出的能量是理想的太空航行推进力。当然,要使反物质能进入实际应用,还有非常漫长的路要走。

3. 反物质的猜想

或许在茫茫太空的深处,隐藏着一个"反世界"吧! 那里的原子是由反质子、反中子和反电子构成……

1908 年 6 月 30 日,在西伯利亚通古斯河中游莽原茂林的上空,突然掠过一个神秘的天体。随之一次可怕的猛烈爆炸发生了,声浪所及,在英伦三岛也记录到了。火光冲天,云霞斑斓,甚至在欧洲、非洲北部都接连三天看到白夜……引起爆炸的天外来客到底是什么? 尽管组织过几次科学考察队进行实地考察,然而直到现在,这次爆炸仍然是一个谜,各种说法纷纷攘攘,莫衷一是。其中至少已有二十几种解释。有一种猜测,曾使许多人拍手叫绝:这是来自反物质世界的"不速之客"——反物质飞船与地球相撞,然后引起一次猛烈的湮灭过程。

我国的"宋史"记载,至和元年五月己丑日(1054 年 7 月 4

日)凌晨,东方天际出现了一颗极其明亮的星星,颜色赤白,光辉灿烂,犹如太白金星。司天监的官员对它仔细观察,发现这颗"客星"整整 643 天才消失。我国史书记载此类客星有 10 颗之多,是世界上保存最早、最准确和最完整的超新星的记载。超新星的猛烈爆发,一瞬间可释放的能量,相当于太阳在 90 亿年向太空释放的总能量。超新星中心温度达几十亿摄氏度,爆发时喷射的物质的速度高达 1 万千米/秒。还有一种奇怪天体——类星体。类星体体积很小,一般来说,其直径不过一光年(银河系的直径有 10 万光年)。但它们爆发时,最大的辐射功率竟超过了 1 000 个正常星系。

超新星和类星体的猛烈爆发,它们的巨大能量从何而来?有人猜测,或许就是巨大的星云与反物质构成的反星云冲撞的结果。会不会是在类星体中间同时会有物质和反物质,两者相遇"同归于尽"而发生猛烈的爆发呢?

猜想毕竟只是猜想!也有科学家认为这些与反物质关系不大。

4. 反物质为什么少

我们先简要提一提宇宙:它首先是由物质构成的;其次,它是逐渐演化成今天的样子的。那宇宙为什么不能由反物质构成呢? 或者说,宇宙能不能像太极图那样,一边为(正)物质,另一边为反物质呢? 为了解答这些问题,我们的话头还要扯得远一些。一般来说,在大爆炸后约万分之一秒时,当时的正重子数与反重子数严格相等;而宇宙寿命超过万分之一秒时,物质与反物质发生"火拼",两种粒子湮灭、抵消,以致今天的宇宙空无一物。当然这与今天宇宙的实际情况是矛盾的,这也说明宇宙最初的正反物质重子数并不严格相等。有科学家认为反物质极少是由于物理规律中存在微小的不对称。在大爆炸后的最初瞬间,今天所见的各种粒子,皆融为一体,并统称为 X 粒子,这种粒子极重,约为氢原子的几十万亿倍。在宇宙的温度不断下降时,X 粒子开始衰变,由于宇宙间的这种微小的不对称,最终变成的粒子和反粒子,形成了 10 亿零 1 对 10 亿之比。它们相互湮灭后,每10 亿零 1 个粒子中仅留下了 1 个粒子,我们今日的宇宙也就是由这 1 个粒子所构成的。如果用数字比例表述也可以写作:粒子与反粒子之比约为 1∶0.999 999 999,或者说,物质与反物质的相对差值只有 0.000 000 000 1,不管多么令人难以置信,宇宙所有的天体:恒星、星云、超新星、类星体等,几乎都是由这些劫后余生的幸运构成的。包括我们这个美好的蔚蓝色的地球上所有的一切:高山大泽、树鸟花卉,乃至人类本身……所有这一切,都只是由于极早期宇宙曾经有那么一点点的不对称而产生的。

至于这一点点的不对称到底从何而来? 有不同的说法。

有的说,宇宙在整体上来说,物质与反物质是对称的,数量一样多。但在我们生活的这个区域,占优势的是正物质,在另一些我们观察所不及的区域,反物质占优势。

有的说，大爆炸之初，正、反粒子是对称的，现在观测到的正、反物质的巨大不对称，是动力学演化的结果。动力学演化方案最基本的要求是，必然有重子数不守恒的过程发生。否则，由"对称"是无法演化为"不对称"的。因此，人们预言自然界中存在着重子数不守恒的过程。

5. 反物质的寻觅

目前，科学家采取两种途径寻觅反物质：一是在自然界中寻找反物质，二是在实验室中制造反物质。

（1）在自然界中寻找

相信存在反物质世界的科学家认为，反物质世界不会离我们的星系很近，否则我们的星系也不会这样"安全"了。这些反物质星系至少离我们的星系达3 000万光年远，甚至在1亿光年内，不会存在反物质。

因发现J粒子而获诺贝尔物理学奖的华裔科学家丁肇中决心寻出那充满反物质的世界。他与一些物理学家合作，组成了一个反物质探测小组。他们分别来自欧洲、美国和中国等。他们要把探测器放到太空，以消除大气层对研究反物质的干扰。他为此设计了探测器——一个重达2吨、高1米、直径1米的圆柱形空心装置，其中包含5 000个标准磁块。这些磁块由新型永磁铁钕硼铁合金构成，它们将把进入探测仪器的带电粒子牢牢抓获，不让它们跑出10微米之外，并记录它们的电荷量、质量和速度。这个探测器定名为阿尔法磁谱仪(简称 AMS)。1998 年 6 月 2 日(北京时间为 6 月 3 日清晨),丁肇中小组的阿尔法磁谱仪搭载美国"发现号"航天飞机,成功地在太空遨游了 10 多天。这是人类历史上第一次将一台大型的磁谱仪送入宇宙空间,标志着人类在探索宇宙奥秘的事业中揭开了新的篇章。

经过 10 天的成功飞行,阿尔法磁谱仪取得了 200 多小时的数据,获取了 3 亿多个事例,观测到了原始的宇宙线粒子,其中有质子(占 80％左右)、反质子和各种原子核。经过测量结果的分析,采集的数据质量非常好,能够正确区分各种粒子,测量的精度已经达到了预期。

原计划 2002 年可以将经过改进后的阿尔法磁谱仪(AMS02)送上国际空间站,进行长达 3 年的数据采集工作,探索反物质。但是由于种种原因,一直到 2011 年 5 月 16 日,美国"奋进号"航天飞机携带着中国参与制造的阿尔法磁谱仪,从美国佛罗里达州肯尼迪航天中心发射升空,前往国际空间站。人们对此次探索,充满期望。因为此次探测器的灵敏度要比此前的探测器高一万倍至十万倍。阿尔法磁谱仪(AMS02)将进行大型粒子物理实验,将具体观测太空中高能辐射下的电子、正电子、质子、反质子等,期望探测到有几种理论物理学家预测的新粒子,并得到粒子和它们远方的天体来源的宝贵信息。探测结果有可能解答关于宇宙大爆炸一些重要的疑问,例如"为何宇宙大爆炸产出如此少的反物质?"或"什么物质构成了宇宙中看不见的质量?"让我们期待阿尔法磁谱仪在探测反物质和暗物质等方面的好消息吧!

1997 年 4 月,美国海军研究实验室、美国西北大学和加州大学伯克利分校等几个研究机构的天文学家宣布,他们利用伽马射线探测器发现在银河系上方约 3 500 光年的地方有一个不断喷射反物质的反物质源,它喷射出的反物质竟形成了一个高达 2 940 光年的"喷泉"。若真有其事,这将是反物质研究领域中的一个重大发现,并促使人们开始考虑如何开发宇宙中的反物质为人类服务。我国还和意大利合作,在西藏建成世界上第一个 $10\,000$ 米^2 的粒子探测陈列实验室,用来接收来自宇宙的高能射线和反物质粒子。

(2) 在实验室中制造

1978 年,欧洲一些物理学家在实验室成功地分离并且存储了 300 个反质子达 85 小时之久。到 1989 年,美国哈佛大学的一个研究小组找到了一种新方法,不但可使反质子的能量大大降低,而且可以保持一定的时间。以后再降低能量,以达到能够组成稳定的反物质的能量要求。1995 年 9~10 月,欧洲核子研究中心制成了世界上第一批反氢原子,在累计 15 小时的实验中,共记录到 9 个反氢原子存在的证据。1996 年,美国费米国立加速器实验室也成功制造出 7 个反氢原子,并能生产出反质子。欧洲核子研究中心近期还建成了反质子生产厂,据该厂负责人克洛斯教授称,他们一小时能生产 2 000 颗反氢原子,这是了不起的成绩！对于反物质的贮存和输出也是全新的课题，科学家已经在这方面有所建树，比如将反物质保存在称为"陷阱"的地方，就不会和物质发生"湮灭"。

（三）空间电推进

电推进又称为电火箭，它是把外部电能转换为推进剂喷射动能的火箭类型。根据把电能转换为推进剂动能的工作原理，电推进可分为电热型、静电型、电磁型等几大类。目前，同属静电类型的离子电推进和霍尔电推进的技术最为成熟。由于突破了传统化学推进喷射动能受限于推进剂化学内能的约束，电推进比化学推进要高出一个量级，因此在航天器上应用该推进系统可以节省大量的推进剂，从而增加航天器有效载荷、降低发射质量、延长工作寿命等。在深空探测领域，应用电推进可以降低成本，减小对发射窗口的依赖程度，在现有条件下到达更远的目标。电推进是目前和未来高效完成深空探测任务的利器。对于包括无拖曳控制、编队飞行、精确姿态和轨道控制等空间科学试验而言，电推进更是不可或缺的支撑和必备技术。

1. 技术发展

自 1902 年俄罗斯的齐奥尔科夫斯基和 1906 年美国的哥达

德博士分别提出电推进概念以来，电推进技术发展已经走过了一个多世纪的历程，大致分为 4 个阶段：1902～1964 年为概念提出和原理探索阶段，美国、英国、德国分别研制出离子电推进样机，俄罗斯研制了霍尔电推进样机；1964～1980 年为地面和飞行试验阶段，美国完成了汞离子电推进飞行试验，俄罗斯完成了 SPT 霍尔电推进飞行试验；1980～2000 年为航天器开始使用阶段，俄罗斯的霍尔电推进和美国的离子型电推进相继投入应用，日本、德国等其他国家的电推进也开始飞行试验；2000 年至今为电推进技术和应用快速发展阶段。

2. 离子推进

传统的火箭通过向后喷射气体来向前推进。离子推进器的原理相同，但与喷射高温气体不同，它们喷出的是带电粒子（离子）。虽然初始产生的推力非常微小，但关键是对于产生相同的推力，离子推进器所需的燃料要比传统火箭少。如果它们能长期稳定地工作，最终也能把飞行器加速到极高的速度。

2004 年 11 月，欧洲第一颗月球探测器"智慧 1 号"发射升空，经过了漫长的飞行后顺利进入环月轨道。目前正向地球传送月球表面的各种观测数据。月球探测器发射已有相当数量，本不值得特别关注，但"智慧 1 号"探测中首次采用了全新的太阳能氙离子发动机作为火箭的推进动力，这就需要多花些笔墨了。

所谓太阳能氙离子发动机,是指它利用太阳能帆板产生的电能把惰性气体氙原子电离,然后向后喷射出高速离子,产生巨大的推力,完全区别于以前的火箭发动机。两者相比,氙离子发动机的效率要比普通的化学发动机高出 10 倍。这样,它只需携带很少的能量就能发射升空,可以让出更多的空间来装载探测仪器。据介绍,这种离子发动机所携带的燃料只占探测器总重量的 20%,而使用化学燃料的发动机,费用至少要高出 3 倍。

(1) 方案

离子推进器用于航天器目前有 3 种方案:第一种是核电氙离子推进器,是用氙作工质,输入功率可达 20 千瓦,使用寿命10 年以上。第二种是大功率电推进器,它使用微波,可避免阴极电子枪因碎屑堵塞而影响使用寿命,并能提高离子的生成能力。NASA 格伦研究中心已试验了这种推进器。根据预想,这种推进器的设计寿命是 7~10 年,比冲(喷射速度)超过 6 000秒,而普通化学火箭的比冲仅为 300~400 秒。若再引入"核电",则该推进器的功率可提高 10 倍,效率提高 2~3 倍,寿命提高 5~8 倍,其总体效率可提高 30%(均比普通化学火箭高)。第三种是霍尔推进器。这种推进器目前已发展得很成熟。俄罗斯研制的霍尔推进器甚至已实现商业化,而 NASA 在对霍尔推进器进行的开发改进已取得很大进展,尤其在提高输出功率(已进行 50 千瓦的推进器样机性能试验)和提高使用寿命方面大有建树。

（2）离子推进器的应用

除了前面提到过的"智慧1号"外，一些探测器也已经采用了离子推进器，例如日本的"隼鸟"探测器等，并且这一技术还在不断地完善。其中特别有希望的是可变比冲磁等离子体火箭（VASIMR）。它和通常采用强电场加速离子的离子推进器不同，VASIMR使用无线电频率发生器（并非类似无线电广播的发射器）来把离子加热到100万℃。其原理是，在强磁场中，离子会以一定的频率转动，随后无线电频率发生器会被调整到这一频率，为离子注入额外的能量，进而大幅度增加推力。

初步的测试结果非常吸引人。如果一切顺利，VASIMR可以在39天里把人送往火星。

3. 我国的应用现状

我国电推进已经完成首次空间飞行试验，进入航天器型号应用的包括通信卫星等，近地小行星探测现已完成方案论证，具体有：实践-9A卫星离子电推进首次飞行试验，该试验卫星于2012年11月发射。截至2014年3月，LJPS-200离子电推进系统在轨完成点火次数230次。整个空间飞行试验过程包括：在轨预初始化、系统预处理、首次点火启动工作、第一次在轨性能标定、第二次在轨性能标定等。试验的结论是电推进系统能够在轨重复稳定可靠地工作，电推进系统与卫星其他分系统兼容，空间性能和地面性能基本一致。上海空间动力机械研究所的

HET-40霍尔电推进系统也在实践-9A卫星成功完成了首次飞行试验。还有,新技术验证卫星-2(XY-2)卫星霍尔电推进飞行试验。该飞行试验系统为基于LHT-100推力器的完整单弦系统,由霍尔推力器、贮供单元、电源处理单元、滤波单元、控制单元等组成。已经完成了鉴定产品研制及全部鉴定试验,正在进行飞行正样产品研制。北京控制工程研究所的1.4千瓦单模式霍尔电推进也将同时进行试验。以及东方红-3B卫星平台南北位保任务离子电推进。自2010年开始,东方红-3B平台南北位保LIPS-200离子电推进系统研制,已经完成了方案阶段和初样阶段的全部研制工作,目前正在进行长寿命地面试验验证和首发卫星飞行正样产品的研制工作。截至2014年12月底,寿命试验已经完成6 000小时、3 000次开关累计。首发应用电推进卫星2016年以后投入运行。

(四)核电推进

核电推进,简单地讲,就是利用放射性同位素衰变或热核反应堆核裂变聚变产生的能量转换成电力,供飞行器上的仪器和设备使用的发电装置。

太空核电是供航天器上的仪器和设备使用的发电装置。太空核电是深空探测的必备条件。随着人类更多地探测系内行星

（如火星、天王星等），收效越来越微，如在火星附近，太阳光强度只有地球附近的 43%，而到了木星、土星附近，太阳光强度更是减少到 1/27 和 1/90，太阳能电池几乎已完全失去作用。另外，用化学燃料作为航天器的推动力，由于燃料的重量及其效率，更是无法成为星际航行的合适推动力。因此，太空核电的脱颖而出就绝非偶然，核电所产生的推力让人惊奇！1 千克核燃料可产生 100 万亿焦耳能量，这种能量与当今的化学燃料相比，提高了将近 1 000 万倍。因此，1992 年 12 月 14 日，联合国大会通过了《关于在外层空间使用核动力的原则》，认为："核动力源由于体积小、寿命长及其他特性，特别适用于甚至必须用于在外层空间的某些任务。"比如 2003 年美国发射的"勇气号"和"机遇号"火星探测车上都采用了以钚-238 为热源的放射性同位素加热器，它能在火星表面酷寒的条件下，维持火星车的温度。核电寿命长，能工作十数年甚至数十年，可满足远程、长期的航天飞行要求，且其体积小、结构紧凑、易于携带与安装，使用方便，环境适应性强，在高低温、真空、辐射、冲击和震动等条件下都能正常工作。还要提到的是，在太空核电中，科学家们发现了一种高效核燃料镅-242，这是一种非常理想的核燃料，它只需达到产生裂变反应临界状态的铀或钚质量的 1%，就能开始持续的核裂变反应，产生高温的推进剂。因此，镅-242 裂变反应产物作为一种能产生电能的特殊发电机的燃料，最直接的结果是航天器所携带的燃料可极大地减少。据报道，美国正在研制这种核电推进器，预计到 2020 年可以投入使用。它推力大而燃料消耗却很少。到那时，若飞抵火星旅行只需两个星期（使用化学燃料火箭至少得8～10个月），而飞抵比邻星所需的时间也只要40年。我们的下一代或许能尝到飞出太阳系的别样滋味。

当然，太空核电的安全性是至关重要的，20世纪70～80年代发生的卫星——"宇宙984""宇宙1402"在轨道上先后失控，放射性残骸散落到加拿大境内，"宇宙1402"坠落到大气层烧毁。这两起事故令全球震惊！因此，在设计、建造和操作时，都必须把安全放在十分重要的地位，要有冗余配备、能实际分离、功能隔离和有适当独立的措施。

1. 裂变推进

核裂变又称核分裂，是一个原子核分裂成几个原子核的变化。只有一些质量非常大的原子核，如铀、钍、钚等，才能发生核裂变。核在吸收一个中子以后会分裂成两个或更多个质量较小的原子核，同时释放出3个中子及很大的能量，这些中子又使别的原子核接着发生裂变，使这个过程持续下去，这种过程称为链式反应。原子核在发生核裂变时，释放出巨大的能量，比化学反应所释放的能量高约1 000万倍。利用这些能量产生动力，直接加热工质（也称推进剂，例如液态氢），使工质迅速膨胀，然后从发动机尾部高速喷出，产生反作用推力。其中反应堆的堆芯设计是裂变推进的最关键技术。

2. 聚变推进

核聚变是指由质量小的原子,主要是指氘(dāo)或氚(chuān),在一定条件下(如超高温和超高压),发生原子核互相聚合作用,生成新的质量更重的原子核,并伴随着巨大能量释放的一种核反应形式。核聚变的过程与核裂变相反,是几个原子核聚合成一个原子核的过程。只有较轻的原子核才能发生核聚变,比如氢的同位素氘、氚等。核聚变比核裂变放出的能量大,太阳的光和热就是其内部连续进行着氢聚变成氦的过程而产生的。

从能源的角度考虑,核聚变比核裂变优越:首先,聚变产物是稳定的氦,没有放射性污染产生,没有难以处理的废料;其次,聚变原料氘的资源比较丰富,地球上海水中蕴藏着大量的氘,提炼氘比提炼铀容易得多。但是聚变反应需要非常高的温度,约需 10 亿℃的高温。氢弹的制造原理,就是利用一个小的原子弹作为引爆装置,可以产生瞬间这样的高温,以引发上述聚变反应发生,但这一瞬间实现的人工核聚变是不可控的。要利用人工核聚变产生的巨大能量为人类服务,就必须使核聚变在人们的控制下进行。然而受控核聚变难以实现,原因是进行核聚变需要的条件非常苛刻,必须要有"约束"即惯性约束聚变(ICF)和磁约束聚变(MCF)。

(1)惯性约束聚变推进

惯性约束聚变是通过高能的激光或者粒子束来压缩和加热

聚变燃料以达到点火条件的。工作时,小球状的聚变燃料,置于几束高功率激光或粒子束的焦点处,小球温度急剧升高。当温度升高到所需要的点火温度(上亿摄氏度)时,小球内气体发生核爆炸,并产生大量热能。由于这种反应时间非常快,理论上,小燃料球自身的惯性就可以长时间地维持聚变反应,因此称之为惯性约束聚变。学者们根据惯性约束聚变推进理论,提出了研制航天器的几种设想:

VISTA 飞船 美国提出了一个叫做行星际空间运输应用载器(VISTA)的计划,参与 VISTA 计划的研究单位包括劳伦斯—利弗莫尔国家实验室(LLNL)、喷气推进实验室(JPL)、能量技术工程中心(ETEC)等。

VISTA 以脉冲方式工作。执行快速(60 天往返)载人火星任务(100 吨载荷)的 VISTA 飞船总质量为 5 800 吨,其中 4 100 吨是氢推进剂,40 吨是 D–T 燃料。脉冲频率为 30 赫兹(有 30 个/秒 D–T 小球在磁推力室中点火)的 VISTA,将可产生 30 000 MW 的喷射功率。

Daedalus 飞船 英国行星际协会在 20 世纪 70 年代重新回顾了 ORION 计划,并提出了 Daedalus 计划,其关机时的速度增量估计可达光速的 10%。

这个计划不像 ORION 那样在外部爆炸,而是采用惯性约束聚变方式,通过内部的发动机,在磁场构筑的"燃烧室"中向燃料小球发射电子束,产生聚变反应。Daedalus 计划的目标是向 6

光年以外的巴纳德星(距离太阳系第二近的恒星)发射一颗探测器,并用 50 年的时间到达那里。

Daedalus 飞船设计成两级,总质量为 53 500 吨。第一级携带 46 000 吨推进剂,干质量 1 690 吨,可产生的推力为 7.5×10^5 牛。第二级携带 4 000 吨推进剂,干质量 980 吨,可产生的推力为 6.6×10^5 牛。两级的点火速率都为 250 次/秒,燃料的燃烧时间都约为 2 年。

(2) 磁约束聚变推进

与惯性约束聚变不同,磁约束聚变反应堆用强电磁场约束聚变等离子体。由于极高的点火温度,聚变燃料在发生聚变时已处于等离子状态。而聚变等离子体主要由离子和电子组成,所以可以用强大的磁场来约束它们。磁性喷管可用来引导高能等离子体定向喷出,并产生巨大推力。

该推进系统最常用的结构是"串联镜"(tandem mirror)系统,用螺线管磁铁约束等离子体的径向运动,用一对磁铁"镜"对等离子体进行轴向约束,其中一端的磁场稍弱,以使一部分等离子体逃逸,产生推力。另一种结构为一种环形结构(托卡马克),这种结构有一个等离子体转向装置,将等离子体引导呈环状流动,避免了上面"串联镜"结构过长的问题。

(3) 惯性静电约束聚变

惯性静电约束聚变是用静电场而非磁场来约束聚变等离子体。

3. 核脉冲推进

"猎户星座"推进器是研制的第一个核脉冲推进器,另外还有"代达罗斯"和"麦迪沙"推进器。在太空时代早期,"猎户星座推进器"就作为美国空军的秘密项目,开始了它的生命历程。后来曾计划与 NASA 第一次着陆月球任务合作,以免"土星 5 号"任务失败。"猎户星座推进器"在地球上发射根本就行不通,这是因为它存在环境噩梦——核脉冲推进只能在远离任何有生物的行星环境中飞行,最终的星际巡航速度可达到 0.003 5～0.035 倍光速范围。它的质量比核电推进反应器要轻得多,但比核电推进具有更大的推力。

(五) 激 光 推 进

激光推进是航天器接受远距离发射出的高能激光,经聚焦使能量集中,用以加热工质,利用热膨胀原理产生推力的先进航天推进技术。与传统的化学推进相比,激光推进最突出的优点是能源与工质分离。作为能源的激光器无须航天器自身携带,航天器在大气层中飞行时,吸入空气作为工质,在穿越大气层后,只需少量工质即可工作。这将极大地简化推进系统的结构,增强安全可靠性,提高有效载荷比。激光推进的有效载荷大于 15%,发射费用仅数百美元。

激光推进分为激光光压推进和激光热推进两大类。前者利用光压与固体壁面作用产生推力,目前尚未有此方面研究的实质性进展报道。因而我们通常所说的激光推进都是指后者,即航天器接受远距离发射出的高能激光,经聚焦使能量集中,用以加热工质,并使其高速喷出而产生推力的先进航天推进技术。

1. 激光推进的特点

激光推进由于两个分离,即激光推进系统中的工质与激光能量完全分离,带来了推进技术的革命。其主要特点是:比冲大、成本低;机动性好、可靠性高;远距离传输能量,在轨机动能力强;发射周期短,批量发射能力强。

2. 激光推进的关键技术

激光推进从概念提出到实际应用,需要突破许多关键技术。

(1) 激光器技术

激光推进技术需要 MW – GW 量级的高能激光器。在这种高能激光器的设计过程中,如何实现高能激光稳定的产生、输出涉及光学、材料、化学、机械、电子、控制等许多领域和学科。不同种类的激光推进对激光器的要求不同:低频脉冲激光推进要求激光器单脉冲能量足够大、重复频率满足一定的要求;高频激光推进则要求激光器的频率达到几千赫甚至几万赫。但无论何种激光推进,都要求激光器能够以较低的成本维持较长时间的稳定工作。

（2）激光远距离传输技术

无论是地基激光发射,还是天基激光发射,激光器与推力器之间的距离都很大。天基激光发射需要考虑激光衍射对光束质量的影响。而地基发射还需要考虑大气吸收、散射等的影响。远距离高质量的激光传输技术直接影响到激光能量的非做工损耗、光束直径、激光能量密度分布等,间接影响聚焦系统的设计与功能,最终对激光能量利用率及聚焦效果都会产生极大影响。

（3）能量损失控制技术

能量损失发生在推进的整个过程中:光束在传播、反射、会聚过程中以及推进剂在发生作用时,还有高温等离子体的辐射等,使能量损失相当大。虽然有实验显示,在对流条件下,等离子体最高可吸收 90% 的入射光能,最高可有 38% 的入射光能转化为工质的动能,但受外界条件变化的影响大。同时,高温带来的对推力室的冷却问题,也是不容忽视的。

（4）推进系统设计技术

如何更有效地将光束能量转化为推进剂的热能,涉及推进系统的构型问题,怎样将吸收室与喷管集成化设计,达到最佳的推进能,是值得考虑的。这些都是在激光推进中需要深入研究的课题。这些问题的解决,对于将激光推进技术运用到更广阔的实际应用领域是必不可少的。

（5）推进剂优化设计技术

获得最佳推进性能是激光推进技术实现实际应用的关键之一。尤其是空气比较稀薄，必须采用烧蚀模式时，设计出冲量耦合系数与比冲都较高，同时储存、供给系统要尽可能简单、可靠的推进剂是亟待解决的。此外，激光推进是全新的推进方式，它的发射技术也有全新的思路。实现单级入轨，就要有合理的发射控制与飞行控制策略。相关的地面设备，包括激光设备、发射台、跟踪与瞄准系统、飞行控制系统等，都需要结合激光发射的特点来设计。

3. 激光推进的发展

20世纪70年代，各国学者特别是美国学者在激光与物质相互作用机理方面开展了大量的研究，也探索了若干种激光推进模式。但到了20世纪70年代末，由于美国军方对高能激光武器不感兴趣，激光推进需要的高能激光器进展缓慢；而NASA热衷于航天飞机，对微小卫星发射系统不感兴趣；激光推进因高能激光器技术限制和小推力发射技术无人问津而进入了发展的低潮。

到了20世纪80年代中期，两个事件再次掀起了激光推进研究的热潮：一是在美国"星球大战"计划的推动下，美国高能激光器和光束定向器等技术的迅速发展，为激光推进研究奠定了技术基础；二是太空武器计划，特别是空基动能武器系统，需要低成本发射技术和能力。

1986年春天，美国举办了激光推进研讨会，讨论了用大规模的自由电子激光发射有效载荷直接入轨的可行性。这个研讨会促成了美国立项支持"激光推进项目"。但是该项目于1989年草草结束，主要原因：一是没能获得用于激光推进演示的激光器；二是在短期内没有办法获得大型CO_2激光器用于激光推进研究，激光推进研究又一次进入低潮。

20世纪90年代之前，美国之外的其他国家基本没有系统深入地研究激光推进，只有少量对美国研究进展的跟踪性报道和综述性文章。20世纪90年代中期，随着微电子机械系统(MEMS)技术的发展，微小卫星技术发展非常迅速。在这个背景下，再次兴起了适合微小卫星低成本发射的激光推进技术的研究热潮。

自1996年开始，NASA等联合立项支持开展"光船技术演示项目"。这一计划的目标是在"激光推进项目"取得的成果的基础上，来研究利用激光推进技术降低空间运输系统的成本。进入21世纪，俄罗斯、日本、德国等国家也都制定了激光推进研究工作的发展规划，资助相关领域的学者开展应用基础研究和技术攻关。

国外激光推进研究：

美国 2003～2009年，设计直径为50 cm的激光推力器，并开展用激光推进驱动飞行器的实验研究，计划进行用100千瓦

CO2 激光器将载荷发射到 30 千米高空的试验(未见进展报道)。

俄罗斯 2004～2006 年研制激光动力发动机,进行推进性能的实验研究(未见进展报道)。

日本 2001 年至今,研究激光推进微型飞行器及其航天应用体系。

欧洲 2000 年至今,研究激光推进用于近地轨道发射的可行性。

(六) 微 波 推 进

微波推进与激光推进都属于定向能推进,两者非常类似:都是以波的形式远距离传输能量,使得推力器与能源系统分离;在稠密大气层内,都可以工作于吸气模式,无须携带工质;如果利用自身携带的工质作为推进剂,则可以工作于烧蚀模式,或者类似于激光推进中的换热模式。

1. 微波推进的特点

微波是指对应空气中波长是 1 米～1 毫米这一频段的电磁波,处于超短波和红外波之间。微波的波长范围使它具有较好的远距离传播特性。由于微波在进入推力器之前,一般不设置聚焦装置,所以推力器中微波装置的直径较大。这也使得整个推力器看起来更像飞碟。如果使用天基微波源发射一颗直径 20 米可搭载 12 人的航天器,必须在地球上空 500 千米的轨道上安置一个直径为 1 000 米的太阳能电站,以向推力器传送动力。

2. 微波推进的分类

微波推进可以分为三类:第一类是通过热交换加热推进剂;第二类是通过形成等离子体耦合能量;第三类是直接把能量耦合到推进剂。

(1) 第一类微波推进

第一类微波推进称为微波电热推进(MET),微波能量通过一个换热装置传递给推进剂,使其受热膨胀,经喷管加速后喷出。据专家估计,如果用氢作为推进剂,可以获得推力约为 54 千牛。若自重为 1 000 千克的运载器把 100 千克的有效载荷送入 1 100 千米轨道所需的微波能量约为 275 MW。这种模式的微波推进排气速度比传统化学火箭高很多,缺点是庞大的换热装置将影响其有效载荷能力。

(2) 第二类微波推进

第二类微波推进称为微波等离子推进(MPT),当高能脉冲毫米微波束通过反射聚焦装置之后,在焦点附近击穿工质,产生等离子体;等离子体继续吸收后续脉冲微波的能量,产生激波;激波流场与喷管壁面耦合产生推力。这种模式通常用于稠密大气层中的吸气模式,无须携带推进剂,结构简单,其缺点是形成和维持等离子体的过程需要损失能量。MPT 系统主要由三部分构成：电源调节器、磁控管、推力器腔体或谐振腔。微波源是 MPT 系统的能量供给部分，其性能好坏、效率高低是整个 MPI 系统性能优劣的重要因素。由于 MPI 系统中没有与推进剂相接触的电极，所以，在使用寿命、性能、效率和推进剂的选择等方面都具有明显的优点。

（3）第三类微波推进

第三类微波推进是微波能量直接耦合到氧化铝的小液滴上，小液滴与周围气体分子碰撞，用吸收的微波能量使周围气体快速升温膨胀，由喷管加速喷出，产生推力。

微波推进技术目前还处于概念设计和原理研究阶段，在实际应用前，尚有许多关键技术亟待突破，主要包括高能微波源设计、天线设计、微波传输与接收、腔体设计、能量转化、喷管设计、推进性能测试等。

3. 微波推进的发展现状

在微波推进方面，美国在国际上处于领先地位，因此，其发展现状也基本反映了微波推进的发展现状。下面简要介绍美国在 MET 和 MPT 方面的研究进展现状。

（1）MET 的发展

在美国，MET 的研究主要集中在宾夕法尼亚州立大学、密歇根州立大学、NASA 刘易斯研究中心、普林斯顿大学等部门。

MET 的研究始于 20 世纪 80 年代，由美国密歇根州立大学和宾夕法尼亚州立大学率先开始研究。1982 年，密歇根州立大学提出了使用微波谐振腔产生等离子体作为推进装置的方案。1984 年，宾夕法尼亚州立大学的 Micci 教授开始研究 MET 的概念，并组织了一系列理论研究工作。20 世纪 80 年代末，据英国《新科学家》1999 年 6 月报道：Micci 教授已研制出一种功率只有 80 W 的微波推力器，非常适合小型或微型卫星的需要。美国空军已表示对 Micci 教授的研究成果感兴趣。美国空军正在为如何更快地改变间谍卫星的飞行路线以逃避敌方的跟踪。Micci 教授的研究无疑为他们提供了一个可供选择的方案。

20 世纪 90 年代初，MET 引起了 NASA 的关注，进行了高功率 TM 模式谐振腔的研究。20 世纪 90 年代末，随着实验工作的逐步深入，对 MET 系统的结构进行了改进设计，新设计的推力器大大提高了推力器的性能，以后的设计基本就以此为依据，改动较小。

2000 年以后，RSI 开展了水工质微波电热推力器的研究。水工质微波电热推力器具有较好的前景。研究表明，以水蒸气为工质气体得到的比冲高出其他气体工质比冲 60%，可达到 800 s 以上。而且水工质无毒、无污染、廉价易得、储存运输安全方便。水工质微波电热推力器具有较好的前景。这项工作已受到高度重视。

2006 年，宾夕法尼亚州立大学成功设计并研究了微波频率分别为 45 GHz、7.5 GHz 及 14 GHz,功率量级为 10 W～2 500 W 的推力器。

（2）MPT 的发展

美国 MPT 的研究起源于 20 世纪 60 年代,当时用电子回旋加速器,这种谐振腔在低压下比较有效,但效率很低,而且电子仪器设备笨重,研究被终止。20 世纪 80 年代,随着电子仪器质量的减轻和效率的提高,以及航天器上供电能力的提高,微波等离子推力器的研究又进入到人们关注的视线。

美国主要有三个机构进行这方面的研究：密歇根州立大学化学工程系与电子工程系、NASA 刘易斯研究中心、宾夕法尼亚州立大学空间推进工程系。经过十多年的实验,搞出了一套成熟的微波等离子推力器实验系统,并对这套系统向空间应用开展了研究。可以说宾夕法尼亚州立大学的研究历程是微波等离子推力器发展的代表。

4. 微波推进的应用前景

微波推进在使用寿命、性能、效率和推进剂选择等方面都具有显著优点,属低推力发动机,可用于变轨飞行。但变轨飞行通常需要较大推力(几百牛至上千牛)。以低推力微波等离子体发动机作为主推进系统进行轨道转移时,不可能获得像化学推进作为主推进系统时的速度增量。微波等离子体推力器是在与航天器轨道面垂直的圆周方向连续产生速度增量,围绕轨道半径以极其缓慢的速度增量螺旋上升。这样,完成轨道转移任务往往需要几个月甚至一年以上,航天器绕地球大约要转 1 000 周以上。

NASA 的研究者们目前正在研发一种来自卫星或地球上某个区域的微波束能系统,目的是用 100 美元/磅的成本将有效载荷或人类送入近地轨道。

微波推进可以作为以下飞行器的动力:邻近地球目标和深空目标不载人或载人的空间飞行器;输送近地轨道卫星的飞行器;任意高度的制空、制天武器,特别是 100 千米以内,20～30 千米邻近空间及 20～30 千米以下的制空、制天武器。

2010 年 1 月 8 日,日本东京大学研究小组与日本原子能研究院合作,将一个质量为 126 克的微波火箭模型垂直推进到了 1.2 m 的度。实验中所用的地基微波源的功率为 1 兆瓦,振荡频率为 170 GHz。垂直推进演示实验获得了成功,证明了微波推进应用于近地轨道微小卫星发射的可行性。日本学者的目标是进一步开展质量更重、推进高度更高的演示实验,最终将 100 千克的有效载荷送入近地轨道。

另外,采用复合推进方案,即由双组元化学推进系统和MPT 系统两部分组成。微波等离子体推力器仅用于探测器飞行过程中的俯仰、偏航等姿态控制。

随着微波推进技术的不断发展,微波推进的应用前景无可限量。

（七）引力辅推与引力场推进

1. 引力辅推

引力辅推是指有意设计深空探测器轨道经过天体附近并利用其引力来加速、减速或转向，使探测器朝着更有利于接近目标的方向前进。引力辅助的理论可以追溯到 17 世纪末，天文学家在观测彗星掠过木星受到的摄动影响时，发现了引力加速或减速现象。引力辅助的理论可以简单地表述为，即经过引力辅助，天体附近的探测器相对日心惯性坐标系的速度发生改变。到目前为止，国外使用行星引力辅助的深空探测任务中一些典型的探测任务有：1973 年发射的水星探测器使用了金星的引力辅助；1977 年发射的探测外太阳系的 Voyager - 1、1989 年发射的木星探测器、1990 年发射的太阳极区探测器、1997 年发射的土星探测器、2003 年发射的小行星探测器、2004 年发射的水星探测器 Messenger、2006 年发射的冥王星探测器 New Horizons、2007 年发射的带小行星探测器 Dawn 以及 2011 年发射的木星探测器"朱诺号"均采用了水星、金星、地球、火星、木星和土星等行星的一次或多次引力辅助，极大地节省了探测任务所需的燃料。

（1）原理简释

当航天器接近一颗行星时，重力会引起飞船加速。但当它越过行星之后,重力是否会使它再次减慢回来呢? 这的确是事实。航天器的速度在最接近行星时达到最大值,而后又减慢回来。因此,诀窍就是利用一次霍曼转移飞行到任意便于接近的行星,然后利用一次引力助推使其获得足够的速度增量从而到达目标。如"卡西尼号"探测器使用了两次金星借力、一次地球借力以及两次太阳轨道之间的一次木星借力到达土星。"卡西尼号"的引力助推给航天器增加了总计 14 千瓦的速度增量。如果航天器在其推进系统中携带推进剂来提供这些速度增量,其质量将太大而根本无法发射,更别说抵达土星了。"卡西尼号"利用引力助推获得的速度增量将需要约 75 000 千克的推进剂,几乎超过了航天器实际运载能力的 24 倍。

又如"信使号"在 2005 年利用这种技术飞越了地球,在 2006年飞越了金星,在前往水星的途中降低了其轨道高度。"伽利略号"航天器在实施木星轨道切入机动之前飞到了木星卫星的前方,此次借力消除了相当于 175 米/秒的相对木星速度,使得航天器少携带了许多推进剂。

在引力助推中,飞船"感觉"不到加速,即使可能出现急转弯,甚至以两倍以上速度加速飞往目的地,星载加速度计或者测量仪只能记录到连续的自由落体运动。在引力助推中,航天器中的每一个原子都受到相同的万有引力,其受力差异可忽略不计。当乘坐喷气式飞机或航天飞行升空时,由于受力差异的存在,会使人感受到加速。

（2）无动力行星引力助推

目前，行星引力助推，是发射飞船到外太阳系及更远地方的基本方法。人类最早开始的外行星和外太阳系探测器——"先锋者 10 号""先锋者 11"号和"旅行者 1 号""旅行者 2 号"，都充分利用了无动力巨大行星引力助推来改变它们的速度；太阳探测器"尤利西斯号"利用木星引力助推，使其规避太阳磁极的轨道；"水手 10 号"用金星引力助推，多次飞越到水星附近；木星"伽利略号"轨道探测器和"凯塞林号"探测器也使用了多次飞越地球和金星的办法。

无动力行星飞越，在太阳系内和邻近的星际间探索是好的技术，但要完成星际间旅行，则还是显得心有余而力不足。

2. 引力场推进

宇宙中存在着诸多能量场，电磁场、基本粒子场等都是宇宙中存在的能量场。引力场也是宇宙中存在的能量场中的一种。由引力场转化成宇宙航行的动力，简称为引力场推进。

宇宙中引力场的发现始于 1972 年发射升空的"开拓者 10 号"，从它发回的微弱信号中出现了一种令人不解的现象：万有引力定律似乎对"开拓者 10 号"已不再起作用，因为它飞得越远，太阳对它的引力反而越大。这种现象同样出现在 1973 年发射的"开拓者 11 号""尤利西斯号"和伽利略号"探测器上。经过研究实验，物理学家米尔格龙认为，地球上的万有引力定律不适用于整个星系空间。科学研究者麦高则确认宇宙空间存在引力，原因是当太阳系中的所有星球向银河系中心运动时会产生微小的加速度。正是这看似微不足道的加速度，造成了万有引力定律的改变。米尔格龙将一百亿分之一米的微小加速度取名为阿尔法0，并将这一发现称为"MOND"，意思是对牛顿力学的修正。运用"MOND"理论，可以完美地解释上述航天器为什么会出现反常状态。米尔格龙甚至认为，即使航天器以零速度出发，在阿尔法0加速度的作用下，历经漫长的飞行时间，航天器的飞行速度甚至能达到光速。也就是说，宇宙中存在着引力场，航天器可以借助宇宙本身的引力场来实现宇宙飞行。

那么，如何利用引力场去进行宇宙飞行呢？目前有两种设想。一是认为引力是引力子形成的，有引力子就会有反引力子，反引力子也能生成反引力场。我们在航天器上生成一个反引力场，用它去对抗引力场，一旦达到场能相等，航天器就失去惯性，即使用很小的动力，就可使航天器在瞬间接近或达到光速。二是在航天器的周围，用反引力场设置五处引力屏蔽墙，只在飞行方向留下一处缺口，让航天器仅在这个方向上的引力场起作用，迅速飞向目的地，称为"引力屏蔽飞行"。

从设想到现实还有很长的一段路要走，但我们可以坚信的是：在科学技术不断飞速发展的时代里，设想是一定能够变成现实的，或许会经历一段不平坦的路，或许并不需要很长的时间！

（八）"太空系绳"推进

所谓太空系绳,简单地讲,就是采用柔性缆索,在太空中将两个物体连接起来组成的系统。如果该系绳是导体（如电缆等）,整个系统便成为电动力学缆索,又称 EDT。

美国与意大利合作研制的"系绳卫星 1 号"（TSS-1）于 1992 年 7 月 31 日进行了第一次系绳电动力学试验:意大利第一位航天员马莱巴在航天飞机上向太空释放了一颗卫星,卫星连着一根长 20 千米的铜质缆索（即系绳）,直径为 2.54 毫米。在太空释放如此长的绳索为了什么? 此时,我们或许会联想起美国科学家富兰克林在雷电交加的天空中放风筝的故事。富兰克林放风筝的目的,是要将闪电引到莱顿瓶中以破译闪电的奥秘。而意大利航天员在太空中释放缆绳,则是为了验证系绳发电的可行性。

1. 试验是这样进行的

TSS-1 系绳卫星随美国"亚特兰蒂斯号"航天飞机一起进入太空并入轨飞行,然后将卫星从机舱内向上发射出去（此时卫星也获得了相同的环绕速度）,让系绳卫星的飞行轨道高于航天飞机飞行轨道。从航天飞机向上看,卫星的离心力大于重力,卫星会垂直向上爬升,直至受到系绳长度的限制。同样,若将卫星发射至航天飞机下方,卫星的重力会大于离心力,卫星会垂直下降。原计划航天飞机和 TSS - 1 卫星以每小时 2 860 千米的速度飞行,通过释放系绳卫星,可以完成系绳发电等科学实验。导电的缆索以如此巨大的速度去切割地球磁场的磁力线时,缆索中会产生电流,从而成为全新的发电装置。

2. 试验结果

第一次试验因机构本身出现故障,缆索仅上升到 257 米高度时即宣告失败,但还是产生了 58 伏电压和 2 毫安电流。这说明系绳发电是有可能的。1996 年 2 月 25 日,决定进行第二次太空系绳试验,虽然又一次宣告失败(仍不是原理本身有问题,而是缆索上升至 19.7 千米突然断裂),但已产生 3 400 伏电压和 0.5 安培电流。尽管这是两次未获成功的试验,但可以证实系绳发电在技术上是可行的,太空系绳可以作为航天器的飞行推动力。NASA 遂于 2003 年 5 月批准了研究利用太空系绳取代运载火箭将卫星等航天器送入太空轨道的计划,起名为"动力交换/电动力循环推选"计划:系绳长 100 千米,实现将太空系绳用于发电和用作航天器的推运力。

太空系绳系统用作探测木星和它的卫星时更为合适,因为木星和地球一样具有磁场。据计算,如果采用太空系绳系统,航天器只需用少得多的推动力,就能在一年内完成对木星及其 4 颗卫星的探测。

（九）太空捕获燃料推进

航天器要在太空遨游，燃料是极其重要的环节。可以这样认为，燃料决定了航天器的飞行速度与飞行范围（太阳系、银河系甚至河外星系）。这里要介绍的是一种几乎无需携带燃料的航天器用动力，名叫星际冲压发动机，它可以直接从太空中获取高性能的"燃料"，经转化后生成推动飞船飞行的强大动力。

1. 设想

这个设想最早是由美国物理学家罗伯特·巴萨德于 1960 年针对星际航行中如何携带及补充燃料这个难题提出来的。该设想的基本点是将广泛存在于星际空间的氢原子收集起来，作为航天器用的燃料。这样，就可大大减少从地球上携带燃料的数量，从而可极大地节省财力、人力。氢在宇宙中普遍存在：在太阳周围的空间每立方厘米有 0.1 个氢原子；在星际分子云中，每立方厘米中可达10 000 个左右（在地球大气中，每立方厘米可存在 1 万兆个以上）。

2. 组成

星际冲压发动机是利用航天器前部的超导体产生一个延绵数百或数千千米的大磁场，它可以将太空中稀少的氢原子收集起来,然后将它们送入核聚变反应堆中,从反应堆中排出的气体再以极高的速度喷射出去,由此产生巨大的推动力。设想中的星际冲压发动机包括特大的进气道(前端呈漏斗形,称作氢采集器)、核聚变发动机及磁场产生装置。若航天器总重为 1 000 吨,则按巴萨德估计,进气道直径应为 10 000 千米,为了能采集到足够的氢,氢采集器的直径应远大于 10 000 千米……

3. 前景

星际冲压发动机前景十分诱人,但要研制成功则困难重重。据报道,美国正在积极研制星际冲压发动机,要求在 2040～2050 年时能投入实际使用。要攻克的技术难关有以下几方面:一是制造如此庞大的氢采集器和进气管道,工程上的难度极高;二是即使建成了氢采集器,在极其高的速度下,庞大的体积难以承受巨大的压力;三是核聚变理论上只对氘和氚有效,现在是氢,是否能引发氢核聚变尚不可知;四是星际间还存在着其他的原子、分子,它们会不会影响到氢聚变过程;五是在不断变化的飞行速度中,要能有效地控制聚变反应也并非易事。除此以外,要实现星际冲压推进,只有当航天器具有很高初速时,才能保证为核反应堆收集到足够数量的氢。因此,使用这种推进器的航天器必须要配备一个辅助推进器,只有先达到必要的速度,星际冲压发机才能开始正常工作。这个速度在地球上应超过 3 000 千米/小时,在太空应达到 6 000 万千米/小时才行。

卫星

从太空中俯瞰地球

五、另类太空航行

之所以说是另类，是因为粗看似乎与推进没有多大关系，然而透过现象看本质，与"推进"却是紧密相连。

（一）太 空 电 梯

古代有昆仑天梯的传说，说的是在昆仑山顶上有一棵大树，有几千丈高，直插云端，只要沿着这棵大树向上爬就能进入天庭。当然这是传说。但即使真有那么一棵大树，又爬到了天庭（或者说是"梯顶"），只要你一离开这棵大树，由于地心的引力，你还是要掉到地上的。那么，有没有办法使人爬上梯顶后不会掉下来呢？

回答是：有！

1. 基本原理

早在 1895 年,俄罗斯航天之父齐奥尔科夫斯基就提出用天梯(或太空缆车)向太空运送人员和物资的想法。1960 年,苏联列宁格勒市的工程师尤里·阿尔楚塔诺夫在发表的学术文章里就提出过建造太空电梯的设想。后来,美国工程技术人员以及一些科幻作家对这一设想也产生了浓厚的兴趣。如英国著名科幻作家阿瑟·克拉克在他的科幻小说《天堂的喷泉》中将太空电梯写成现实。更有美国 Highlift 系统公司宣布要建造通向太空的"电梯"。"电梯"的主要部件是缆索,一头固定在地球表面,另一头伸向太空。它的长度肯定超出人们的想象——达到 10 万千米的地方,约相当于地球到月亮距离的四分之一。缆索在两股方向相反的强力(地球引力和离心力)的作用下,像琴弦一样绷得紧紧的,而且它与地面保持绝对垂直状态。

我们知道,物体离地球越近,引力就越明显;反之,离地面越远,离心力就越强。在缆索的重心位于距地表3.6万千米的高度时,它所承受的引力和离心力就会达到平衡,缆索便会矗立空中而不倒。这个高度也就是地球同步轨道的高度。也就是说,在地球赤道上空 35 786 千米高度的地球静止轨道上建造一座运行速度为每秒 3.07 米的空间站(只有在这个轨道上,建造的空间站相对于地球是静止的,天梯才有可能建起来),从这座空间站放下缆绳,就可以随地球一起旋转,天梯从地球到太空就能竖立起来。但问题尚未解决,这根缆绳会把空间站拉下来,原因是缆绳所受的离心力(它随地球一起作飞速旋转)小于它的重力。为了解决这个问题,科学家们想到让这根缆绳向上延伸大约 65 000 千米,这时在太空中的缆绳向上的作用力正好和空间站下面的缆绳产生的向下重力相抵消,两者达到平衡,此时空间站和缆绳会"固定"在太空中而不会掉下来。这就是太空电梯的基本原理。

2. 材料很重要

原理很简单,但有一个难题:缆索采用什么材料? 用钢索行不通,它太重。计算表明,仅仅将 50 千米长的钢索悬挂空中,其自身的重量就足以将它拉断。如果改用质量轻、更牢固的合成纤维,其所能承受的长度可以达到数百千米。然而对于太空升降梯来说,数百千米甚至数千千米也是远远不够的。20 世纪 90 年代初,新材料领域的研究取得了重大突破。日本工程师饭岛澄男于 1991 年发现了一种新材料——碳纳米管,这是一种细管状的炭化物,其直径只有百万分之一毫米。这种材料极为坚固,用它织结起来的直径一毫米的细丝足可承受 20 吨的重量。碳纳米管这种神奇新材料的发现,使这一科研项目能最终从科幻小说进入实验室。美国已经对此进行了多年的研究。在第一阶段,科学家们面临的任务是:对该计划进行理论论证,确定设计方案、工程造价和工期。NASA 专门为此向 Highlift 系统公司拨款。目前第一阶段的工作已顺利完成。

该项目的开发者之一（也是 Highlift 系统公司的创始人之一）——著名物理学家布拉德利·爱德华兹博士坚信这一项目能够获得成功。他说："只要资金充足，我们两年以后就可以实施这一项目。我们不应该拖延，因为谁抢得先机，谁就能控制太空。"

3. 如何搭乘

科学家们认为把"缆车"做成管道式，里面通电梯，管道用电磁材料或线圈做成，利用电磁力推动电梯上升。看起来"搭乘"上去的问题也能解决了。但电从哪里来？有太阳能电站呀！电梯需要的电力由卫星太阳能发电站供给。电梯越往上，受地心引力越小，所以越向上越省电。电梯向下就更省电了，有地心引力作用，几乎不用消费电力。

4. 优点

首先，太空电梯能够节约大量资金。目前将一千克有效载荷送上近地轨道需要花费 1 万多美元，送上地球同步轨则需要 4 万多美元，而使用太空电梯将一千克货物送上太空只需 100 美元。今后随着更多太空电梯的建成，每千克货物的平均运输成本甚至可降至 10 美元。这样的话，使用太空电梯每年的经济效益将达几十亿甚至几百亿美元。此外，采用太空电梯也能够使发射地的生态环境受到保护,安全系数也会更高。

运输成本的大幅度降低,将为人类开发太空开辟广阔的前景。人们可以在太空中建立更多的科研基地,建造生产特殊药物和新材料的工厂,建造太阳能发电站,开办旅馆等。到时人们到月球、火星和小行星等地旅行将更方便。在月球上也可以建造同样的"电梯",便于人们随时往返。到那时,太空旅游将真正开始蓬勃发展。"昆仑天梯"的神话就变成了科学现实。

(二) 太 空 冬 眠

宇宙航行,即使穷尽航天员的一生也未必能飞出太阳系范畴,更谈不上到宇宙深处去探索。这其中固然受到飞行器、飞行速度等的制约,但人生苦短也是一个重要因素。如果能使人的生命得到极大幅度的延长,的确是实现星际航行的一种颇有希望的方法。

1. 动物冬眠的启迪

要使人类寿命得到极大幅度的延长,科学家认为可以实行人工冬眠的办法,即让宇航员进入冬眠状态,待航行至目的地时再自动苏醒过来。这样一来,宇宙航行与人类寿命的矛盾即可迎刃而解。

日本神奈川科学技术研究院的研究人员和美国南达科他大学的营养学部主任纳尔逊博士都认为可以从动物的冬眠中受到启迪。比如黑熊,每当冬季来临,它就能在3～5个月的时间里,既不饮食也不排泄地冬眠。纳尔逊认为,这是由于黑熊体内的一种特殊激素所触发的,当这种激素发生作用时,黑熊会为自己安排一顿丰盛的"最后晚餐",而且那天的食用量要比平时多出3倍左右(当然,如果宇航员采用冬眠技术完全不必如此大吃大喝,因为人们可以提供给宇航员量小质高热量大的超高级蛋白质来解决)。那么,黑熊在冬眠中又是如何通过身体循环系统来排泄体内废物的呢？如何变有害物质为无害物质？经过科学家的探索,认为熊在冬眠时体温仅 2.2℃,但其代谢能力仍完全正常,体内蛋白质的强度要比非冬眠状态时提高 4 倍,但蛋白质的分解却极少。延缓蛋白质的分解,就能使尿素等有毒物质减少,从而几乎可以避免对机体的损害(但人类却做不到这一点)。因此,模拟出黑熊所具有的这种特殊的循环系统功能,就能使宇航员具有像黑熊一样的延缓蛋白质分解的功能,形成整个生理活动的"沉睡"状态,从而使生命过程得到极大的延长。

2. 已有成功的尝试

　　科研人员的研究还证明,冬眠能提高免疫力,增强抗辐射能力。冬眠技术在医学上已经进行过成功的尝试,如将病人体温降至－30℃,这样,病人的代谢作用会减慢,能量消耗会降低等。

还有报道称,采用"深冷"技术,可以掌握生命的钥匙,待适当的时候再起死回生。在现实生活中,人类被大自然冬眠的例子也时有发生,如1999年有一位挪威滑雪者不幸被深埋在雪中达1个小时,获救时心脏早已停止跳动,当时他的体温已降至13.9℃,通过治疗,居然活了过来。

3. 冬眠展望

冬眠技术如果真能引入到宇宙航行之中,且不说宇航员的寿命获得了惊人的延长,而且使许多实际问题得到了化解。先说"吃",若以飞行时间为2年,飞船中有6名航天员为例,他们出发前得预先准备30吨食品。作为宇宙航行,30吨或许就能构成无法逾越的障碍。再说"住",飞船内不可能太宽敞,但也得缩减至航天员能承受的最低限度,关键在于这样长时间的限制,航天员将不堪承受。反之则会使飞船大幅膨胀,这更是不可取的。再加上心理压力、孤独症等问题也是相当棘手的。然而,一旦航天员在冬眠状态下飞行,则所列举的问题几乎均不复存在!

欧洲航天局已投入大笔资金用于研究航天员的冬眠技术、"沉睡"舱和合成冬眠药剂。正如欧洲航天局马克·艾里博士所说,目前有关航天员的冬眠研究尚处在早期阶段,但他希望未来的医学科技能够加快这一研究进程。如果冬眠技术能够使用到航天员身上,欧洲航天局计划在2033年发射首批登陆火星的飞船中采用冬眠技术。

加加林

航天飞行纪念邮票

六、飞天英雄赞

航天员是人类的英雄,是人类文明和博大智慧的传承者,也是人类探索太空的实践者。如果没有航天员,最快的飞行器也会感到不足。如果没有航天员,宇宙探测也会显得苍白! 为了实现探索太空的梦想,我们不会忘记航天员建立的丰功伟业。如今,已有为数不少的航天英雄们用自己的血肉之躯为人类铺就了通天大道,我们更应永志不忘!

(一) 人类首次进入太空的英雄

苏联英雄著名航天员尤里·加加林于 1961 年 4 月 12 日乘"东方 1 号"飞船,用 1 小时 29 分钟 34 秒的时间绕地球飞行一周,成为第一位飞入太空的人。加加林 1934 年 3 月 9 日出生在苏联斯莫林斯克附近的一个农村。加加林从小就聪明勤奋,老师们很快发现他是一块可供雕琢的宝石,会成为一名有用的人才甚至成为科学家。年轻的加加林则希望自己能成为一名飞行员。加加林确实具备飞行员所需的性格:冷静、沉着、敏捷、果断。他在莫斯科进入了一所飞行员学校,并成了一名出色的飞行员,参加苏联空军后,他如鱼得水地发挥出自己的飞行才能。

当时正值苏联科学家在寻找能培养成航天员的年轻人,加加林决心成为航天员并报名参加选拔。1960年苏联航天培训中心的专家和医生走遍全国,从3 000名候选人中挑选出第一批20名作为培训对象。加加林幸运地被列入其中,也是当之无愧的。经过特种实验室的考核,飞机上4~5次的失重训练,95次离心机试验和40多次跳伞测定,最后在这20名中确定6人为首飞备选队员,而在确定上天前的第4天才选定了加加林。

1961年4月12日清晨,加加林在酣睡中被医生叫醒(足见加加林的心理素质有多好,曾经排在首飞第一位的航天员季托夫就是因为上天前心理压力太重而遭淘汰),吃了一顿特别的早餐,穿上了橙色的航天服。此时,拜科努尔航天中心碧空万里,预示着这次史无前例的远行会有一个好结果。2小时后,加加林被固定在"东方1号"飞船内。飞船重4 545千克,包括直径2米多的环形乘员舱和一个圆筒形的机械舱。乘员舱有3个观测窗口,另外还有监测温度、湿度和气体比例的仪表及电视摄像机等设备。机械舱中装有动力、驾驶、降落及通信设备等。

等待火箭发射的人们总不免会有紧张焦急的心情,尤其是当事人加加林这种心情应更加突出。但加加林丝毫不紧张,他甚至这样描述他在飞船内的想法:"我在那间特别的小房间里,可以闻到春天的气息。进入太空,这是很幸福的。"他对着话筒作了简短的精彩演讲:"巨大的飞船将把我带入遥远的宇宙空间……对我来说,这是我一生中最美妙的时刻,人类世世代代所向往的畅游太空的美好梦想将由我第一个来实现。我今天的行动不仅仅是我个人的光荣,更是伟大的苏联人民乃至全人类的光荣……再见了战友们,请为我凯旋祈祷吧!"

1. 成功飞入太空

莫斯科时间上午 9 时 7 分,SL-3 型运载火箭尾部喷出了炽热的橙色火焰,呼啸着托着飞船离开地面,飞向阳光明媚的天空。加加林在升空后向地面控制中心报告他的感受和印象:"美丽极了! 我看见了地球和上面的森林、海洋和云彩……"当飞船被加速到每小时 2.7 万千米时,他的体重加大了 6 倍。当飞船进入近地点 180 千米,远地点 222~327 千米的预定轨道时,加加林体验到了失重,但没有影响他的工作。加加林在太空中的动作是敏捷而正确的。太空飞行仅 1 小时 48 分多的时间就将返回地面。10 时 25 分,飞船制动装置按照程序接通,飞船逐渐减速离开了运行轨道,进入稠密的大气层。加加林从窗口看出去,飞船像一颗正在猛烈燃烧的火球,飞船会被熔化掉吗? 或许人们会有这种担心,但加加林并不担心,因为以前发射的无人飞船能安全返回地面,自己乘坐的飞船也一样可以安全着陆。10时,加加林和降落伞一起飘落到伏尔加河畔距预定着陆点10千米的一个村庄附近,平安从天外归来。鉴于加加林勇敢地开辟了人类通往太空的道路,证明了人类可以安全地进入太空所建立的不朽功勋,他荣获了列宁勋章和金质十字章,成为苏联英雄。

2. 遇到过麻烦

在20世纪90年代,美国索斯比拍卖行发现了一本世界首次载人航天飞行的地面指令长卡尔波夫上校的日记,上面记载了加加林飞行的全过程,说加加林在返回地球时遇到过麻烦。"东方1号"飞船返回地面的程序是制动火箭点火,座舱分离……卡尔波夫在日记中写道:"座舱与仪器舱不能及时分离,座舱在作疯狂的旋转。""故障,不要惊慌",很显然,卡尔波夫当时心情十分紧张,分离过程原计划用10秒钟,但实际上用了10分钟。在这10分钟里,制动火箭推力使飞船不断旋转打滚。不过万幸的是,两者最后终于分离了,否则第一个太空使者必将有去无回。凭借高超技术、沉着冷静的心理素质和幸运,加加林一举成为世界上第一个飞入太空的人,荣耀与鲜花不断向他涌来。

3. 不幸殉难

几年后,尤里·加加林竟销声匿迹!几经求证才得知他已去世。他的死是一个谜,后来人们才知道他死亡的真相。

1968 年 3 月 27 日,加加林和飞行教练谢列金一起,为再次进入太空飞行进行飞行训练。他们所驾驶的是经过认真检查、最可靠的米格-15 歼击教练机。这次飞行是由经验丰富、技术高超的一级试飞员谢列金担任检查员。加加林也做好了应付特殊情况的准备。但意想不到的空难还是发生了。经反复调查,从加加林最后一次飞行报告中获知:飞行员当时是在 8~10 级浓雾中飞行,显示距地面有 900 米高空,而实际上距地面只有400~500 米,如此大的误差造成了加加林遇难的致命原因。当加加林接到返航命令后,迅即从 4 200 米的飞行高度降到 3 000~3 500米,由于云层密布,又可能陷入了前面飞机高速动作引起的大气涡流中等种种因素,造成气压高度计的信号迟钝,出现了空前的距地面高度数百米的误差。加加林根据测高计显示的高度认为一切正常,就放心地驾机俯冲出云层,只见飞机离地面高度仅250~300 米,而且俯冲角度达 70°~90°,这意味着飞机着陆只有 1 秒多的时间。在如此短暂的时间内,飞行员是无法采取任何补救措施的,即使预先已准备了应急手段。就这样,苏联英雄尤里·加加林和谢列金同时遇难。

4. 无尽的纪念

为了纪念加加林所建立的不朽功绩,国际航空联合会专门设立了加加林金质奖章,并以他的名字命名了月球背面的一座环形山。苏联政府还在莫斯科的列宁大街上,建了一座 40 米高的纪念碑,在纪念碑上面站立着 12 米高的加加林塑像,他目视前方,表明他的心永远向着太空,向着航天事业。

(二) 巾帼不让须眉

世界第一位女航天员瓦连金娜·捷列什科娃于 1963 年 6 月 16~19 日,乘坐"东方 6 号"飞船在太空遨游 70 小时 50 分钟。至今,她仍是世界上唯一的单独飞行近 3 天的女性。1937 年 3 月 6 日,捷列什科娃出生于莫斯科东北的一个集体农庄。1955 年,她在一家纺织厂工作。不久,她迷上了跳伞,进行过 63 次跳伞训练,并成为纺织厂工人跳伞俱乐部的负责人。加加林成为人类首次太空飞行的航天员后,无数年轻的小伙子和姑娘们无不仰慕他,捷列什科娃也是其中之一。在加加林的影响下,她和女友一起参加女航天员的选拔。经过严格的选拔和艰苦的训练,捷列什科娃等 4 名女性成为苏联的首批女航天员。

1. 残酷的训练

训练从 1962 年开始,持续了近两年的时间。在这两年中,她们学习了有关空间医学、火箭发动机、天体运行机制、轨道动力学、天文学和飞船设计等方面的知识,接受了非人的生存训练、空降训练等,还进行了体能和心理训练以及在特殊情况下的专门训练。总之,她们所通过的训练项目并不亚于男性航天员的训练内容,完全满足航天员的考核要求。直到升空前的两个星期,捷列什科娃"捷"足先登成为世界上第一位女性航天员和"东方6号"的指令长。

2. 飞上太空

1963年6月16日清晨,捷列什科娃穿上那件既显得笨重又不失为漂亮的航天服,前往火箭发射场。捷列什科娃的心情很好,她说:"虽然太空服有90千克重,但在我的胸前一侧绣有美丽的和平鸽,另一侧绣的是海鸥,因为我的飞行代号是海鸥。要比男航天服漂亮多了……""东方6号"在雷霆万钧声中徐徐离开发射架,直刺蓝天!飞船在加速飞行,捷列什科娃全身感到异乎寻常的重,重得动弹不得……飞船终于入轨了,捷列什科娃顿时感到异乎寻常的轻,轻得不知道自己的身体在哪里。

"东方6号"入轨后,与比它早两天发射入轨的"东方5号"进行联合飞行。捷列什科娃这样描述自己在太空中的感受:"我在飞船中就像在自己的家中一样,而且几乎睡意全无,因为我不想漏掉在天上时的任何细节。我在地面上常会做梦,但在太空中却没有做过梦。在地球上难以想象我们的星球是那么的美丽壮观,它呈现出不同的颜色和光泽,给我的印象太深刻了。"捷列什科娃在太空中遨游了 70 小时 50 分钟，航程达 200 万千米后，和"东方 5 号"飞船同一天返回地球。

捷列什科娃毕生的太空飞行仅这一次，但是在 2000 年 10 月 9 日，英国"年度妇女"国际学会还是授予了她"20 世纪女性"的荣誉称号。

3. 多多益善

这次太空飞行按预定计划只需飞行 24 小时即可返回地面。由于她自我感觉良好，经向地面控制中心请示得到批准，飞行延长至近 3 个昼夜。对延长飞行时间，她是这么说的："当我在太空中看到无比壮观的地球时，实在抑制不住内心的激动，我对它产生了深深的眷恋。我向这颗美丽的星球提出延长在太空逗留的时间……这次飞行是我一生中最大的幸福。"

捷列什科娃的这次太空飞行，出色地完成了预定的生物医学和工艺实验任务，并着重研究了太空飞行对妇女可能带来的影响。同时和"东方 5 号"密切配合，在轨道上进行编队飞行、互相摄影，拍摄到地球表面、云层、月球、太阳及其他星球的大量照片……这位纺织女工出身的航天员，凭着她具有勇往直前、接受考验、克服困难的顽强精神，不仅学会了驾驶各种喷气式战斗机的本领，而且掌握了操纵宇宙飞船的技能，在航天史上开创了新的一页！

（三）太空行走第一人

"太空行走"，是一种通俗的说法，正式的说法是"航天出舱活动"。航天员到航天器座舱以外去行走或活动，并不像地球上的人们到野外去散步那样轻松和简单。而且太空行走，实际上一双脚是派不上用场的，更多的倒是手还起些作用。

1. 一根安全绳索

世界上第一位进行太空行走的航天员是苏联的阿列克谢·阿尔希波维奇·列昂诺夫。1965 年 3 月 18 日，在与另一位苏联航天员别列亚耶夫执行"上升 2 号"飞船飞行任务时，列昂诺夫成功地进行了人类航天史上第一次出舱活动，离飞船仅 5 米远，身上还绑了一根长绳子。因为没有这根绳子拖住，航天员稍一用力，就可能飘移出去。一旦飘离航天器过远，就有可能回不来。因此这是一根安全绳索，一根维系航天员安全的生命线。

2. 喷气背包

航天员身上绑一根绳子，比如列昂诺夫，只能离开航天器 5 米远，那么若要到离航天器比较远的地方，当然可以将这根安全绳的长度放长。放长的话，问题又来了，万一安全带发生缠绕

（有时为了更可靠些，绑了两根安全带），在太空行走时，就会带来极大的麻烦。

于是科学家研制出了一种可以在太空中自由行走的喷气背包，可以摆脱那条限制航天员活动范围的绳索。动画片《铁臂阿童木》中，阿童木双脚下装有两个喷气筒，利用喷气产生的反作用力，可以推动阿童木自由飞翔。现实中，航天员身上背的那个喷气背包与阿童木脚上的喷气筒作用相当。喷气背包实际上是一种喷气机动推进器，是用铝合金做外壳，高 1.24 米、宽 0.8 米、厚 0.66 米，内部装有微型计算机、自动驾驶仪、银锌电池和两个高压氮气瓶，外部有 24 个小喷气孔，每个小孔喷氮气时可产生 5.9 牛顿推力。航天员可以用双手操纵背包上的左右手柄，控制氮气从不同方向喷出，以控制运动方向。手柄上还有距离刻度，可以知道自己离开航天器已有多远。用这样的喷气机动推进器，能沿各个方向自由运动，可以在太空中翻跟斗、旋转、悬停、侧滑、滚动和改变姿态。1984 年 2 月 7 日，美国航天飞机的第 10 次飞行中，航天员布鲁斯·麦坎德利斯和罗伯特·斯图尔特先后离开"挑战者号"航天飞机，喷气背包中的喷气把航天员推离到距"挑战者号"航天飞机 97 米远的地方，然后又安全返回。显然靠系绳办法很难达到如此远的距离，即使能接近这个距离，危险性会大大增加。麦坎德利斯先出舱，靠这个喷气背包中喷出的氮气推动他离舱达 45 米，在太空停留了 90 分钟。接着斯图尔特出舱，操纵喷气背包，飞离航天飞机 97 米，在太空中停留 60 分钟。如果形象地进行描述，就是这样：这两位航天员先后在太空中行走，相当于在距地球 280 千米的轨道上，以每小时 2.8 万千米的速度，风驰电掣般地绕地球飞行。如此高的飞行速度听起来很吓人。其实，地球作为绕太阳运动的一颗行星，时速高达 10.8 万千米，几乎是这两位航天员绕地球旋转速度的 4 倍。地球上的人身处如此高的速度中都毫无感觉，难怪航天员以时速 2.8 万千米在轨道上行走，也能若无其事地"胜似闲庭信步"了。

可以这样说，世界上第一位系绳出舱实现太空行走的航天员是苏联的列昂诺夫，而世界上第一次不系绳出舱实现太空行走的航天员是美国的麦坎德利斯和斯图尔特。

（四）第一次登月的航天员

1969 年 7 月 16 日，"土星 5 号"运载火箭耸立在美国肯尼迪航天中心。当地时间 9 时 32 分，随着一阵轰鸣，月球飞船喷着橙色火焰和云雾，发出惊雷般的吼声，飞向高空，"阿波罗 11 号"月球之旅拉开了序幕。7 月 20 日，"阿波罗 11 号"登月飞行的第五天，是登月舱降落月球的日子，也是月球探险即将开始的一天。登月航天员阿姆斯特朗和奥尔德林的心情格外激动、兴奋和紧张，他们爬进了登月舱，而柯林斯则仍旧留在指令舱内，绕着月球飞行，此时是早晨 9 时 22 分。至下午 4 时 5 分，登月舱距月球最近点只有 14 千米,离着陆月面还有 12 分钟。登月舱离开月面越来越近,14 000 米、10 000 米、9 000 米……突然计算机警报灯闪亮,表示出现故障,地面指挥控制中心则命令登月舱内航天员不要多虑,继续登月行动。这真是一场虚惊!计算机警报灯自动熄灭。时间在悄悄过去,登月舱已经接近月面,25 米、20 米、15 米……卷起了月面尘土,接触灯亮了,表明已触及月面!此时正是美国东部时间 7 月 20 日 16 时 11 分 40 秒,从地球发射起,"阿波罗 11 号"飞船飞行了 102 小时 45 分。尽管柯林斯仍在绕月轨道上孤单地飞行着,但是喜悦之情也是溢于言表。"你们干得不错啊!这可是惊人之举——棒极了",这是柯林斯的话,却表达了地球上亿万人的心声。

1. 月面行走

　　还在登月舱中的阿姆斯特朗和奥尔德林则开始准备下一个重大行动——月面行走。两位航天员先吃点东西,这是人类在月球上的第一顿饭,然后用 2 个小时做出舱准备,在对仪器设备进行了最后的检查。确信无故障后,两位航天员身穿月面航天服,背上所需的其他装置离开登月舱。阿姆斯特朗在月球上踏下第一个脚印的时间是飞船发射后的 109 小时 24 分 20 秒,美国东部时间是夜间 10 时 56 分,阿姆斯特朗说出了一句载入史册的话:"对一个人来说,这是一小步。但对人类来说,这是跨了一大步。"人类千百年来的登月梦想终于成为现实。这两位航天员在月球上度过了 21 小时 36 分钟，收集了月球上 340 千克的土壤和岩石样品，拍摄了照片和用铝箔捕捉太阳风质点，安放了测试、记录月球震动的月震仪和精确测量与地球距离的激光反射器以及其他一些物品，比如一块金属板，上面写着："公元 1969 年 7 月，来自地球的人在这里踏上月球。我们为全人类和平而来。"

2. 尼尔·阿姆斯特朗

阿姆斯特朗 1962 年被 NASA 选拔为第二批航天员，经过严格训练，1966 年 3 月被分配去执行"双子星 8 号"飞行任务。当他们（阿姆斯特朗和斯科特）刚刚首次在太空中完成了与另一个飞行器（阿金纳火箭）的对接时，突然两个飞行器开始旋转，失去控制。他们试图设法将已对接的两个飞行器分离，但没有成功，反而旋转得更厉害，达每秒钟 1 次，几乎使两位航天员失去知觉，幸亏在万难之中及时关闭推进器，才保住了生命。后经调查，发现问题出在推进器上，在"打开"位置上被卡住，就停不下来了。阿姆斯特朗 16 岁时就获得了学生飞行员证，后进入海军。1955 年他从普渡大学毕业，获航空设计学士学位，开始为 NASA 工作。在"阿波罗 11 号"飞船飞行时，他担任指令长，是第一个踏上月球的人。

3. 布兹·奥尔德林

奥尔德林 1963 年被 NASA 选拔为航天员，1966 年参与"双子星号"飞船的第一次太空飞行,在 4 天的太空飞行中,进行了 5个半小时的太空行走。1968 年,他成为"阿波罗 8 号"飞船的候补航天员。"阿波罗 8 号"是环绕月球轨道飞行的航天器,他承担了飞行前修改导航系统程序的任务。1969 年成为"阿波罗 11号"飞船的机组人员,并于 1969 年 7 月 20 日继阿姆斯特朗之后成为第二个踏上月球表面的人。

（五）炎 黄 五 杰

在人类探索太空的几十年中,华裔科学家作出了不可磨灭的贡献! 他们聪明、勤奋、有献身精神。他们的才华和能力完全经得起严峻的考验。优秀的华裔空间科学家"炎黄五杰",就是他们之中的杰出代表,他们是:王赣骏博士、唐鑫源博士、张福林博士、卢杰博士和焦立中博士。

1. 华人太空行走第一人——焦立中（莱罗伊·焦）

这位四次遨游太空的美籍华裔航天员于 1996 年 1 月 11 日与达菲等 5 名航天员一起,乘坐"奋进号"航天飞机第二次上天飞行,并在这次飞行中为完成任务的需要,出舱进行了两次太空行走,成为第一位太空行走的华裔航天员。1994 年 7 月,他曾把一面五星红旗带上太空,返回地面后他说:"我作为一名中国血统的美国航天员向中国人民表示敬意。"当中国首位航天员杨利伟胜利返回地面时,焦立中又说:"每位炎黄子孙都应为此感到骄傲。"

2. 第一位华人航天员——王赣骏

1985 年 4 月 29 日,美籍华裔科学家王赣骏与 6 位美国航天员一起乘坐"挑战者号"航天飞机升空,在离地面 350 千米的太空轨道上,用非凡的毅力,排除故障,成功地进行了他的十几年磨一"剑"的液滴动力试验,使科学界感到震惊。这次成功试验,对整个流体动力学的研究、无容器冶炼先进技术的开发,以及天文物理和地球物理理论的运用等,都作出了突破性的贡献,为未来的"太空工厂"开辟了一条崭新的道路。因此,当王赣骏 1985 年 5 月 6 日载誉返回地面时,自豪地说:"别人能做的,中国人也能做,我以我的中国血统为荣。"

3. "航天服之父"——唐鑫源

唐鑫源是 NASA 的元老级人物,美国刚组建航空航天局时,他已被入选(1961 年)。他又是高级材料科学家,由他设计制造的各种航天服,以"零事故"的绝对可靠性保证了每一次航天飞行的顺利进行。整整 33 年,他的发明专利多达 150 多项,杰出的成就使他荣获"航天服之父"的美称。20 世纪 70 年代,他获得了美国航天界的最高奖——"太空实践奖"。1983年NASA又为他颁发了"特殊工程成就奖"。6年后,美国太空基金会又把代表最高荣誉的"太空技术名人堂"奖牌挂上他的脖子。1994年退休前,美国得克萨斯州授予他"海军荣誉上将"称号,这一连串金光闪烁的奖项,代表了唐鑫源博士的价值,一个华裔科学家能"踏"进美国的"太空技术名人堂",也是中国人的骄傲。

4. 敢作敢为成大器——张福林

张福林是一位曾3次飞上太空的华裔航天员。1986年1月他乘坐"哥伦比亚号"航天飞机在太空中出色完成了所交付的任务而获得里根总统颁发的"自由奖章"(同时获奖的还有建筑设计大师贝聿铭和电脑专家王安)。之后他又二度乘坐"亚特兰蒂斯号"飞上太空,与其他航天员一起发射了"伽利略号"木星探测器和"尤里卡"飞船,还施放了世界上第一颗"绳系卫星",以进行太空发电试验(但因故失败)。

5. 年富力强终成材——卢杰

卢杰1963年7月1日出生于美国马萨诸塞州春田市,上小学时曾测得智商高达150,从三年级跳级至五年级。1989年他获斯坦福大学应用物理学博士学位,热衷于飞行驾驶。1995年,正式入选为航天员。1997年5月15~24日,卢杰首次进行太空飞行,乘坐"阿特兰蒂斯号"航天飞机执行编号为 STS - 84 的飞行任务,主要是进行航天飞机第 6 次与"和平号"空间站对接飞行。2000 年 9 月 8～20 日,卢杰第二次参加太空飞行,仍旧乘坐"阿特兰蒂斯号"航天飞机,执行编号为 STS - 106 的飞行任务,主要是为国际空间站运送补给物品。2003 年 4 月 26 日,卢杰与俄罗斯航天员马连琴科乘坐俄罗斯"联盟号"飞船飞往国际空间站,作为第七宇航组人员长驻国际空间站,不仅要维持国际空间站的运营和从事维护工作,还要进行大量的科学实验。2003 年 7 月 1 日,卢杰在国际空间站上度过了他的 41 岁生日,受到地面控制中心的祝贺,并为他举行了小型的庆祝会,庆祝会的画面传送给卢杰观看。同年 10 月 28 日,卢杰完成了长驻国际空间站六个月的飞行任务,顺利返回地面。

2004 年和 2005 年是卢杰不平凡的两个年头,这两年中他结婚生子。较长时间的太空生活似乎并没有对他的生儿育女产生影响。卢杰也曾经出舱进行太空行走,工作持续 6 个多小时。由于航天飞机等航天器在太空每 90 分钟就要绕地球一圈,一半时间在白天,一半时间在黑夜。卢杰说当航天器进入黑夜时(即进入阴影区),航天员只要打开航天服头盔上的照明灯,就能正常进行太空作业了。

2006 年 10 月 21～29 日,卢杰和他的妻子丝婷接受中国宇航学会的邀请,在北京、南京和上海进行了访问参观。这是卢杰第二次来中国(他曾于 1992 年来北京参加世界物理学家会议)。